BIM应用实例教程丛书

建筑工程
BIM算量

通用流程与实例教程

广联达土建产品部 / 编著

U0224021

化学工业出版社

·北京·

内 容 简 介

本书以广联达 GTJ2018 为应用平台讲述广联达土建 BIM 算量通用流程，首先对广联达 GTJ2018 平台做整体介绍，然后以广联达上海大厦为例分不同构件做工程算量的讲解（全套图纸可发邮件获取），最后介绍了空心楼盖和装配式建筑的工程算量计算。本书以流程为特色，全书、每章节均有流程图，以便读者宏观掌控内容。

本书可作为建设单位、施工单位、设计及监理单位建筑工程预算人员和管理人员的培训用书，也可作为高校工程管理、工程造价等专业的教材。

图书在版编目（CIP）数据

建筑工程 BIM 算量通用流程与实例教程/广联达土建
产品部编著. —北京：化学工业出版社，2020.7
（BIM 应用实例教程丛书）
ISBN 978-7-122-36780-8

Ⅰ.①建… Ⅱ.①广… Ⅲ.①建筑工程-工程造价-教材
Ⅳ.①TU723.32

中国版本图书馆 CIP 数据核字（2020）第 084815 号

责任编辑：刘丽菲 　　　　　　　　　　　装帧设计：刘丽华
责任校对：赵懿桐

出版发行：化学工业出版社（北京市东城区青年湖南街 13 号　邮政编码 100011）
印　　刷：北京京华铭诚工贸有限公司
装　　订：三河市振勇印装有限公司
787mm×1092mm　1/16　印张 13¾　字数 341 千字　　2021 年 1 月北京第 1 版第 1 次印刷

购书咨询：010-64518888 　　　　　　　　　　售后服务：010-64518899
网　　址：http://www.cip.com.cn
凡购买本书，如有缺损质量问题，本社销售中心负责调换。

定　　价：59.80 元 　　　　　　　　　　　　　版权所有　违者必究

前言

众所周知，建筑工程 BIM 算量（土建算量）质量和工程计价质量紧密结合在一起，成为建筑工程招投标、成本控制的重要依据。没有合格精准的土建算量就没有合格的工程造价，建设单位和施工单位就不能完成成本控制的核心目标。

作者经调查发现，很多建筑行业的从业人员和专业人士苦于没有机会接触大中型建筑工程土建算量的实践机会，或虽然参与了大中型建筑工程土建算量和计价，却难以在短时间内全面了解广联达最新版量筋合一土建算量软件所有核心操作流程和方法，可以说，广联达最新版量筋合一土建算量操作流程和方法已经成为一门热门技术，同时成为体现建筑工程造价人员业务能力和就业门槛之一，被越来越多的工程造价、管理从业人员和大专院校师生所重视。

广联达土建算量软件帮助工程造价企业和从业者解决土建专业估概算、招投标预算、施工进度变更、竣工结算全过程各阶段算量、提量、检查、审核全流程业务，实现一站式的 BIM 土建计量。具有量筋合、效率升，汇总快、建模快、识别准、业务精，易操作、易上手的特点。

本书通过实际工程案例，以广联达土建 GTJ2018 为应用平台，融实践与应用为一体，较完整地介绍了软件的操作流程和在实际案例中的具体使用方法，以期通过本书使入门的读者尽快掌握软件使用方法。

本书由广联达土建产品部编写。本书以流程为特色，全书、每章节均有流程图，以便读者宏观掌控内容；主要分为四个章节，首先对广联达 GTJ2018 平台做整体介绍，然后以广联达上海大厦为例分不同构件做工程算量的讲解（全套图纸可发邮件至 jzgcsllc@163.com 获取），最后介绍了空心楼盖和装配式建筑的工程算量计算。武树春老师给本书提供了很多建议并编制了总流程图，在此表示感谢。

由于编者水平有限，书中难免存在不妥之处，敬请读者批评指正。

编者

2020.10

目录

第 3 章　空心楼盖算量流程　/ 168

第 4 章　装配式工程算量流程　/ 196

参考文献　/ 213

第 **1** 章

广联达BIM土建计量平台GTJ2018

1.1 广联达 BIM 土建计量平台 GTJ2018 概述

广联达 BIM 土建计量平台 GTJ2018，内置《房屋建筑与装饰工程工程量计量规范》GB 50854—2013 及全国各地清单定额计算规则、11G 平法系列钢筋平法规则，通过智能识别 CAD 图纸、一键导入 BIM 设计模型、云协同等方式建立 BIM 土建计量模型，帮助工程造价企业和从业者解决土建专业估概算、招投标预算、施工进度变更、竣工结算全过程各阶段的算量、提量、检查、审核全流程业务，实现一站式的 BIM 土建计量服务。

1.1.1 GTJ2018 业务处理范围

GTJ2018 是全过程、全流程、一站式的土建计量平台（图 1-1-1），可以从建设项目角度、计量业务角度、数据应用角度来说明 GTJ2018 的业务处理范围。

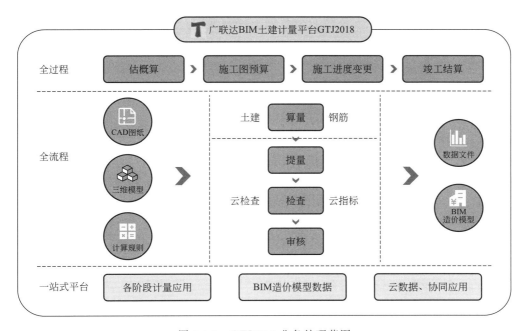

图 1-1-1　GTJ2018 业务处理范围

（1）从建设项目角度

GTJ2018 计量平台涵盖项目全过程的计量服务，即立项阶段的投资估算、设计阶段的设计概算、交易阶段的施工图预算、施工过程的进度变更、竣工阶段的竣工结算。

（2）从计量业务角度

GTJ2018 计量平台涵盖计量业务全流程的服务，即工程量计算、工程量提取、工程量检查和工程量审核。

（3）从数据应用角度

图纸、模型、计算规则经过 GTJ2018 计量平台转换为 BIM 造价模型和造价数据后，支持向下游应用的扩展。如将 GTJ2018 的数据和广联达计价数据导入广联达 BIM5D 平台，则可以实现量价一体的模型和数据整合，从而作为后续 BIM 应用的数据基础。

综上，GTJ2018 利用 BIM、云、大数据技术为用户提供 BIM 计量的一站式平台解决方案。

1.1.2　GTJ2018 发展历程

（1）2003 年以前

土建 GCL99，第一款 Windows 版算量软件问世。

钢筋 GGJ99，第一款钢筋算量软件，让预算员不再手工统计钢筋造价数据。

（2）2003—2007 年

GCL7.0、GGJ9.0，具有独立知识产权的图形算量软件，通过绘制二维模型计算工程量，极大地提升预算员的工作效率。

GCL8.0、GGJ10.0，在界面、处理范围及易学易用方面进一步做出优化，让算量应用更贴近用户。

（3）2008—2011 年

GCL2008，突破三维技术，实现三维建模、三维显示、三维扣减，使计算结果更加准确，用户体验更加便捷。

GGJ2009，内置 03G101 系列平面整体制图规则和构造详图，根据规范自动考虑构件之间的关联和扣减，使用者只需要完成绘图建模即可实现钢筋量的计算，且计算过程有据可依，计算结果清晰可查。软件还有助于学习和应用平法规则，降低钢筋算量的专业难度，大大提高预算员的工作效率。

（4）2012—2017 年

GCL2013，突破复杂构件的建模技术，斜构件、拱构件均可以处理并支持外部三维设计文件的导入，是一款具有跨时代意义的 BIM 算量软件。

GGJ2013，秉承"专业、高效、易学易用"的产品定位，全面处理 11G101 系列平法规则和新材料高强钢筋。创新的截面配筋法轻松处理复杂的柱配筋形式和约束边缘构件业务，给用户带来全新的产品体验，持续提升算量工作效率。

（5）2018 年—至今

广联达土建计量平台 GTJ2018，首次实现"量筋合一"，BIM 模型数据上下游无缝衔接，相比上一代算量产品，业务处理范围扩展约 10%，节约用户工作量 20%～30%，汇总效率提升 5 倍以上。GTJ2018 致力于为用户解决项目造价中一切土建计量业务。

1.2　广联达 BIM 土建计量平台 GTJ2018 算量流程

1.2.1　GTJ2018 算量流程

应用 GTJ2018 进行算量主要分为五个步骤：新建工程、建立模型、表格输入、汇总计算、查看报表，如图 1-2-1 所示。

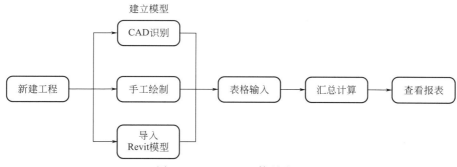

图 1-2-1　GTJ2018 算量流程

（1）新建工程

在 GTJ2018 中创建一个新工程用于项目工程量的计算。

（2）建立模型

在 GTJ2018 中建立与项目图纸一致的三维模型，软件提供 CAD 识别、手工绘制、导入 Revit 模型三种建模方式。

（3）表格输入

针对图纸中无法建模的节点或零星工程量，可以利用表格输入将手算工程量添加到工程文件中。

（4）汇总计算

根据三维模型和表格输入计算项目工程量。

（5）查看报表

通过软件内置的多种报表查看项目工程量。

各步骤针对的图纸内容和软件模块见表 1-2-1。

表 1-2-1　各步骤的图纸内容和软件模块

步骤名称	针对的图纸内容	针对的软件模块
新建工程	楼层表 结构总说明	【工程设置】页签
建立模型	结构施工图 建筑施工图	【建模】页签
表格输入	图纸中的大样节点 结构总说明中的节点	【工程量】页签中表格输入模块
汇总计算		【工程量】页签中汇总、土建计算结果、钢筋计算结果模块
查看报表		【工程量】页签中报表模块

1.2.2 建立模型

1.2.2.1 CAD 识别建模流程

CAD 识别建模是将二维 CAD 图纸导入 GTJ2018，利用 CAD 识别模块的相关功能将图纸信息转换为三维模型的一种建模方式。

CAD 识别主要分为四个步骤，如图 1-2-2 所示。

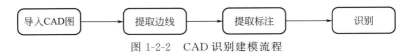

图 1-2-2　CAD 识别建模流程

（1）导入 CAD 图

将 CAD 图纸添加到 GTJ2018 中。

（2）提取边线

将图纸中的边线信息提取到 GTJ2018 的边线图层。

（3）提取标注

将图纸中的标注信息提取到 GTJ2018 的标注图层。

（4）识别

将 GTJ2018 边线图层和标注图层的信息转换为三维模型。

以 GTJ2018 1.0.23.0 版本为例，以下构件类型支持 CAD 识别建模，见表 1-2-2。

表 1-2-2　支持 CAD 识别建模的构件类型

构件类型	具体构件类型	构件类型	具体构件类型
轴网	轴网	板	现浇板
	辅助轴网		板受力筋
柱	柱		板负筋
	构造柱	装修	房间
墙	剪力墙	基础	基础梁
	砌体墙		筏板主筋
门窗洞	门		筏板负筋
	窗		独立基础
	门联窗		条形基础
	墙洞		桩承台
梁	梁		桩
	连梁		

1.2.2.2 手工绘制建模流程

手工绘制建模是参照项目纸质蓝图在 GTJ2018 中创建三维模型的一种建模方式。

图 1-2-3　手工绘制建模步骤

手工绘制建模主要分为两个步骤，如图 1-2-3 所示。

（1）定义构件

根据图纸信息完成 GTJ2018 中构件的建立。

（2）绘制模型

根据图纸信息将构件绘制到指定位置从而完成三维模型的建立。软件导航树下所有构件都支持手工绘制建模方式。

1.2.3　导入 Revit 模型流程

导入 Revit 模型是利用 GFC 插件和 GTJ2018 的导入模块，将 Revit 模型转化为 GTJ2018 模型的一种建模方式。首先在 Revit 平台上将模型以 GFC 的格式导出，然后再导入到 GTJ2018 中。

Revit 导出 GFC 模型主要分为四个步骤，如图 1-2-4 所示。

图 1-2-4　Revit 导出 GFC 模型步骤

（1）工程设置

在 Revit 平台内将 Revit 模型转换为算量模型格式，以便后续在 Revit 中以算量维度检查模型。

（2）模型检查

在 Revit 平台内根据算量建模规范对转换后的算量模型进行检查，以便提前发现模型问题，提高模型导出成功率。

（3）构件显隐

在 Revit 平台内通过控制算量模型与 Revit 模型的显示、隐藏，快速发现模型中存在的问题，并进行修改。

（4）导出 GFC 模型

将检查后的 Revit 模型以 GFC 的格式导出，以便导入 GTJ2018 中。

GTJ2018 导入 GFC 模型主要分为两个步骤，如图 1-2-5 所示。

（1）新建工程

在 GTJ2018 中创建一个新工程，用于项目工程量的计算。

（2）导入 GFC 模型

选择需要的 GFC 模型，将其添加到 GTJ2018 中，从而完成模型的建立。

图 1-2-5　GTJ2018 导入 GFC 模型步骤

第②章

工程算量流程——以广联达上海大厦为例

本章以广联达上海大厦为例，讲解工程算量基本的步骤流程，并按照通用设置、主体结构（柱、剪力墙、梁、板及板筋、楼梯）、基础、二次结构、装修、零星、计算结果查看，分别讲解，读者可依据需要学习对应内容。本书配套图纸包含建施、结施图纸文件可供下载。

2.1 通用设置

2.1.1 GTJ2018 平台介绍

GTJ2018 界面如图 2-1-1 所示。可以通过【视图】页签→【用户面板】来调整界面显示内容。界面内容主要包括：①工程新建、打开、保存；②软件常用功能；③主要功能模块；④功能窗体；⑤当前楼层、构件信息；⑥构件导航；⑦构件、图纸信息；⑧构件属性、图层；⑨建模窗体；⑩模型显示。

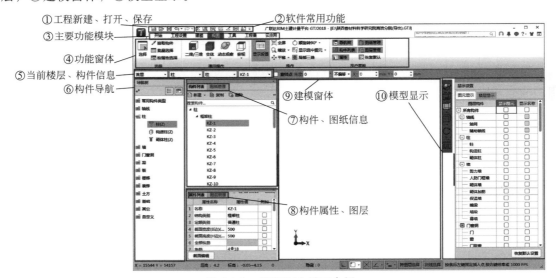

图 2-1-1　GTJ2018 界面介绍

GTJ2018 功能模块分为六部分，包括工程设置、建模、视图、工具、工程量、云应用，工程设置中的基本设置，如图 2-1-2 所示，各部分内容将在后续建模过程中单独讲解。

图 2-1-2　GTJ2018 工程设置模块界面

2.1.2　工程信息

2.1.2.1　工程信息概况说明

点击【工程信息】，依据图纸设置工程信息。本书主要讲解对工程算量影响较大的属性，如檐高、结构类型、抗震等级、设防烈度、室外地坪相对±0.000 标高（如图 2-1-3 所示）如何设置，其余工程信息读者可自行设置。此类属性对工程量的影响包括以下方面。

（1）抗震等级、设防烈度影响钢筋的锚固和搭接长度。如果抗震等级未知，可以通过结构类型、檐高、设防烈度来共同确定抗震等级；如果设置了抗震等级，结构类型、檐高对计算结果基本没有影响。

（2）室外地坪标高影响模板超高、外墙保温、外墙装修、土方体积。

14	檐高(m):	22.5
15	结构类型:	框架-剪力墙结构
16	基础形式:	筏形基础+承台
17	⊟ 建筑结构等级参数:	
18	抗震设防类别:	
19	抗震等级:	三级抗震
20	⊟ 地震参数:	
21	设防烈度:	7
22	基本地震加速度（g）:	
23	设计地震分组:	
24	环境类别:	
25	⊟ 施工信息:	
26	钢筋接头形式:	
27	室外地坪相对±0.000标高(m):	-0.3

图 2-1-3　GTJ2018 工程信息设置模块界面

2.1.2.2　图纸示例及说明

结构类型通过结构设计总说明（图纸：结施 01-001）中的工程概况获取，如图 2-1-4 所示。

设防烈度、抗震等级通过结构设计总说明（图纸：结施 01-001）中的抗震设防有关参数获取，如图 2-1-5 所示。

室外地坪相对±0.000 标高通过结构设计总说明（图纸：结施 01-001）中的图纸说明获取，如图 2-1-6 所示。

2. 工程概况

2.1　项目名称：××集团虹桥商务区核心区××地块项目　　　　。

2.2　建设地点：上海市虹桥商务区　　　　。

2.3　本项目由 4 个子项组成，项目概况详见表2.3。

表2.3　项目概况

子项名称	子项编号	层数		房屋平面尺寸		房屋高度（m）	结构类型	基础形式	备注
		地下	地上	长度（m）	宽度（m）				
中区南区地下室	13	1	—	—	—	—	框架	桩筏基础	六级人防
C1#办公楼	21	1	5	64	33	22.5	框剪	桩筏基础	
C2#办公楼	22	1	5	64	33	22.5	框剪	桩筏基础	
D1#办公楼	23	1	5	76	33	22.5	框剪	桩筏基础	
D2#办公楼	24	1	5	76	33	22.5	框剪	桩筏基础	
C3D3D4#办公楼	25	1	5	76	33	22.5	框剪	桩筏基础	
E1#办公楼	31	1	3	29	33	15.9	框架	桩筏基础	
E2#办公楼	32	1	3	29	33	15.9	框架	桩筏基础	
E3#办公楼	33	1	3	29	33	15.9	框架	桩筏基础	
E4#办公楼	34	1	3	29	33	15.9	框架	桩筏基础	
E5#办公楼	35	1	3	29	33	15.9	框架	桩筏基础	
E6#办公楼	36	1	3	29	33	15.9	框架	桩筏基础	

图 2-1-4　结构类型信息获取

5.2　抗震设防有关参数

5.2.1　本工程抗震设防烈度为 7 度，设计基本地震加速度值为 0.10 g，多遇地震下水平地震影响系数最大值：0.08 。

5.2.2　场地类别：四 类，设计地震分组：第 一 组，特征周期值：0.9 s。

5.2.3　多遇地震时，结构阻尼比：0.05 。

5.2.4　本场地地基土层地震液化程度判定：不液化。

5.2.5　本工程抗震设防类别为 丙 类，按 7 度进行抗震计算，按 7 度要求采取抗震措施。

5.2.6　结构的计算嵌固部位为 地下室顶板 。

5.2.7　结构抗震等级见表5.2.7，施工单位按构造措施对应的抗震等级进行施工。

表5.2.7　结构抗震等级

单体名称	位置	结构类型	楼层	抗震等级	
				抗震计算措施	抗震构造措施
C1～C3	全楼	框剪	全楼	框架三级；剪力墙三级	框架三级；剪力墙三级
D1～D3	全楼	框剪	全楼	框架三级；剪力墙三级	框架三级；剪力墙三级
E1～E6,D4	全楼	框架	全楼	三级	三级

图 2-1-5　设防烈度、抗震等级信息获取

2.1.2.3　工程信息设置操作

工程信息设置操作流程如图 2-1-7 所示。

第一步：点击【工程信息】，依据图纸填写工程基本信息。

第二步：设置檐高。檐高即屋檐的高度，即从室外地坪到檐口滴水线的高度（不含女儿墙高度）。输入檐高是为了确定工程的抗震等级，若檐高数值不确定时，只需在抗震等级中

4.图纸说明

4.1 本工程图纸采用正投影法进行绘制。

4.2 图中计量单位（除注明者外）：长度单位为毫米（mm）；标高单位为（m）；角度单位为（°）。

4.3 本工程设计标高±0.000，相当于绝对标高 __5.480__ m，建筑室内外高差为：__0.300__ m，
平面位置见建筑总平面图。

4.4 施工时应根据图中标注尺寸施工，不得测量图纸的尺寸施工。施工单位在施工前需核对图中
尺寸，包括与其他各专业图纸之间的核对。遇有图纸和实际情况存在差异时，须及时通知设计人。

图 2-1-6 室外地坪相对±0.000 标高信息获取

图 2-1-7 工程信息设置操作流程

输入正确的工程抗震等级即可。

第三步：设置结构类型。一般由结构设计总说明中的工程概况获取，本工程结构类型为
框剪结构。

第四步：设置设防烈度、抗震等级。一般由结构设计总说明中的抗震设防有关参数获
取，本工程抗震设防烈度为 7 度，结构抗震等级为三级。

第五步：设置室外地坪相对±0.000 标高。一般由结构设计总说明中的图纸说明获取，
本工程室内外高差为 0.3m。

2.1.3 楼层设置

2.1.3.1 楼层设置说明

楼层设置主要内容有楼层列表、抗震等级、混凝土强度和保护层厚度等。

2.1.3.2 图纸示例及说明

楼层列表由图纸：结施 20-011：D2 栋一层梁配筋平面图的结构层高表获取，如图 2-1-8
所示。

抗震等级一般通过结构设计总说明中的"结构抗震等级"表
获取，本工程如图 2-1-9 所示。

混凝土强度等级一般通过结构设计总说明中的"混凝土强度
等级"表获取，本工程如图 2-1-10 所示。

保护层厚度一般通过结构设计总说明中构造规定的混凝土保
护层厚度表获取，本工程如图 2-1-11 所示。

2.1.3.3 楼层设置操作流程

楼层设置操作流程如图 2-1-12 所示。

层号	标高/m	层高/mm
屋面	22.500	
5	17.850	4650
4	13.350	4500
3	8.850	4500
2	4.350	4500
1	-0.150	4500
地下一层	-6.000	5850
层号	标高/m	层高/mm

结构层楼面标高，结构层高

图 2-1-8 楼层列表信息获取

2.1.3.4 调整楼层设置操作步骤

第一步：插入楼层。点击【楼层设置】→〈插入楼层〉。

第二步：依据结构层高表，调整首层底标高、各层层高。调整后的楼层列表如图 2-1-13
所示。

第三步：选择楼层，调整构件的抗震等级、混凝土强度等级和保护层厚度。抗震等级、

表5.2.7 结构抗震等级

单体名称	位置	结构类型	楼层	抗震等级	
				抗震计算措施	抗震构造措施
C1～C3	全楼	框剪	全楼	框架三级；剪力墙三级	框架三级；剪力墙三级
D1～D3	全楼	框剪	全楼	框架三级；剪力墙三级	框架三级；剪力墙三级
E1～E6, D4	全楼	框架	全楼	三级	三级

图 2-1-9　结构抗震等级信息获取

9.主要结构材料

施工中采用的所有建筑材料，必须具有合格保证书，并应在进场后按现行国家有关标准的规定进行检验和试验，检验和试验合格后方可在工程中使用。

9.1　混凝土

9.1.1　混凝土强度等级与防水混凝土设计抗渗等级见表9.1.1。

表9.1.1　混凝土强度等级与防水混凝土设计抗渗等级

项次	序号	构件	混凝土强度等级	防水混凝土抗渗等级
通用项	1	施工后浇带	高一级的无收缩混凝土	见注1
	2	基础垫层	C15	—
	3	混凝土水箱、水池	C30	P6
	4	砌体填充墙中圈梁、构造柱、水平系梁、抱框	C20	—
	5	砌体填充墙中过梁	C20	—
	6	楼梯构件	C30	—
	7	与周边土体接触电梯底坑	C35	P6
	8	承台、基础拉梁	C35	—
	9	基础底板及周边挡土墙	C35	P6
	10	梁、板、柱	C30	—
	11	地下一层顶盖结构（包括室外以及室内外交界构件）	C35	P6
	12	地下室墙	C35	P6
	13	地下室坡道	C35	P6
	14	梁、板	C30	—
C1～C3 D1～D3	15	柱	基础顶至3层楼面　C40	—
			3层楼面～屋面　C30	—
E1～E6	16	柱	基础顶至1层楼面　C40	—
			1层楼面～屋面　C30	—
D4	17	梁、板	C30	—
	18	柱	C30	—

图 2-1-10　混凝土强度等级信息获取

保护层的厚度影响锚固和箍筋的长度，混凝土的强度影响钢筋的锚固长度。

第四步：调整其他楼层的相关设置。如果各楼层设置相近，可以"复制到其他楼层"后手动调整不同的设置。

第五步：依据实际工程情况调整"基本锚固设置"。

第六步：可以根据实际工程情况选用"导出钢筋设置""导入钢筋设置"功能，减少重复设置带来的工作量。

11.2　混凝土保护层
11.2.1　构件中普通钢筋的混凝土保护层厚度（暨混凝土结构的环境类别）应符合表11.2.1的规定。

表11.2.1　混凝土保护层厚度/mm（暨混凝土结构的环境类别）

部位构件名称	无地下室区域承台、基础联系梁		有地下室区域承台、基础梁、承台梁、底板			墙体				柱、梁				楼板			
	底部	与水、土接触的顶面或侧面	底部	与水、土接触的顶面或侧面	室内	与水、土接触面	露天	室内	水池内侧	与水、土接触面	露天	室内	水池内侧	与水、土接触面	露天	室内	水池内侧
环境类别	二b	二b	二a	二b	一	二b	二a	一	二b	二b	二a	一	二b	二b	二a	一	二b
保护层厚度	50	50	50(40)	50(40)	20	50(30)	30	15	25	35	25	20	35	30(25)	20	15	25

注：1.表中钢筋的混凝土保护层厚度为最外层钢筋外边缘至混凝土表面的距离；2.构件中受力钢筋的保护层厚度不应小于钢筋的公称直径；3.当梁、柱、墙中纵向受力钢筋的保护层厚度大于50mm时，保护层应采用纤维混凝土或在保护层内配置Φ5@150×150钢筋网片。构件钢筋保护中设置的网片钢筋的保护层厚度不应小于25mm，并应对网片采取有效的绝缘和定位措施；4.当钢筋采用机械连接接时，机械连接套筒的保护层厚度应满足受力钢筋最小保护层的厚度要求，且不得小于15mm；5.其他未注明者均应符合国标图集（11G101-1）第54页的规定；6.括号内数值适用于相关构件采取了可靠的建筑防水做法时。

图 2-1-11　保护层厚度信息获取

图 2-1-12　楼层设置操作流程

图 2-1-13　"楼层设置"功能界面

2.1.4　轴网

2.1.4.1　轴网图纸示例及说明

轴网较为简单时，通过自动识别、选择识别即可。反之，需要手动调整。绘制轴网一般可以通过结施中的轴网布置图获取，本工程参见图纸：结施 22-001：D2 栋地下一层墙柱布置图，如图 2-1-14 所示。

2.1.4.2　绘制轴网操作

绘制轴网的操作流程如图 2-1-15 所示。

第一步：加载图纸。导航树下"轴线"→"轴网"→点击【图纸管理】（如果缺失此界面，可以通过【视图】→【用户面板】调出）→点击〈添加图纸〉→点击〈分割〉下拉框→选择〈手动分割〉。鼠标左键点选所需图纸（如图 2-1-16 所示），鼠标右键确定，调整图纸名称及对应楼层后，双击新分割出来的图纸即完成图纸加载。

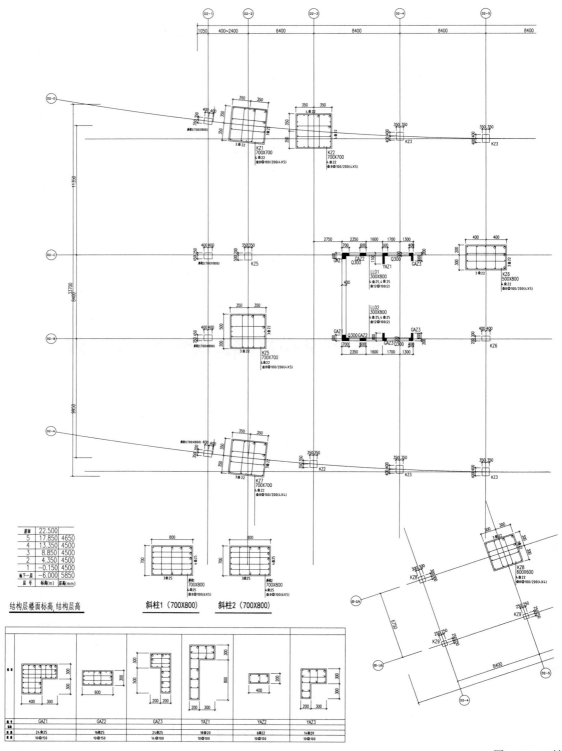

图 2-1-14 轴

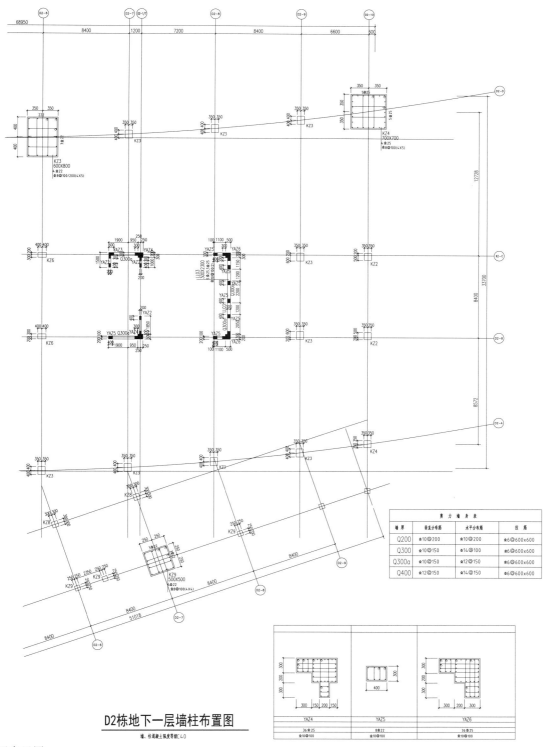

D2栋地下一层墙柱布置图

墙、柱混凝土强度等级C40

剪　力　墙　身　表			
墙　厚	垂直分布筋	水平分布筋	拉　筋
Q200	Φ10@200	Φ10@200	Φ6@600×600
Q300	Φ10@150	Φ14@100	Φ6@600×600
Q300a	Φ10@150	Φ12@150	Φ6@600×600
Q400	Φ12@150	Φ14@150	Φ6@600×600

YAZ4	YAZ5	YAZ6
36Φ25	8Φ22	36Φ25
Φ10@100	Φ10@100	Φ10@100

网布置图

图 2-1-15 绘制轴网操作流程

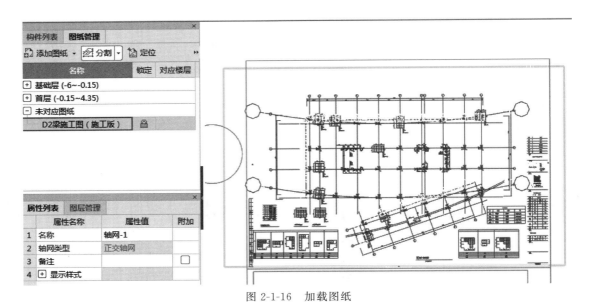

图 2-1-16 加载图纸

第二步：点击【建模】页签下的【识别轴网】，弹出自动识别的操作框，如图 2-1-17 所示。

图 2-1-17 识别轴网

第三步：提取轴线。点击〈提取轴线〉，勾选按图层选择，左键点选轴网，点选后轴网即变为蓝色（图 2-1-18 中加粗显示），右键确认即可。

第四步：提取标注。点击〈提取标注〉，勾选按图层选择，左键点选标注（点选后标注即显示为蓝色），右键确认即可。

第五步：选择识别。点击〈自动识别〉下拉框后（图 2-1-19），点击〈选择识别〉，左键点选开间轴线 (D2-1) 与 (D2-10)，框选中间轴线，右键确认，之后左键点选上下的进深轴线，框选中间轴线，右键确认。按同样步骤识别 (D2-4)、(D2-9)、(D2-1/A)、(D2-2/A) 轴线，轴网组合识别效果如图 2-1-20 所示。

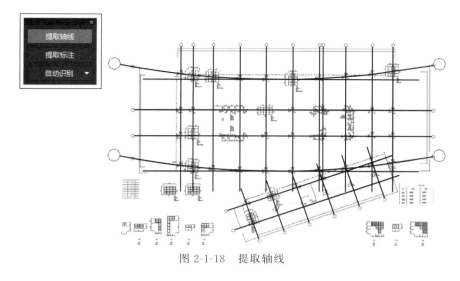

图 2-1-18　提取轴线

图 2-1-19　自动识别下
拉菜单界面

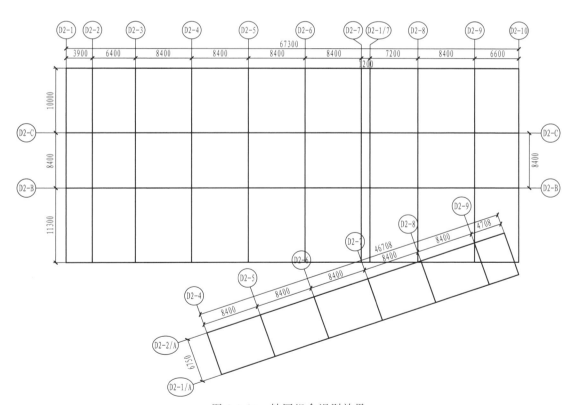

图 2-1-20　轴网组合识别效果

第六步：识别辅轴。点击〈自动识别〉下拉框后，点击〈识别辅轴〉，左键点选 (D2-A)
与 (D2-D) 轴线，右键确认。识别辅轴效果如图 2-1-21 所示。

第七步：与图纸比对，手动修改不一致的轴线。

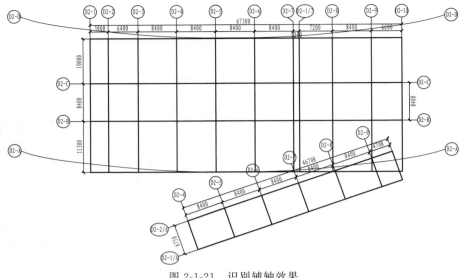

图 2-1-21　识别辅轴效果

2.2　主体结构

2.2.1　柱

构件和图元：构件为属性信息，图元则是根据属性信息和平面位置在绘图区布置后的显示。一个构件可布置多个图元。

图层：软件中对信息进行提取后，会将不同的图层以颜色进行区分。对柱构件而言，边线图层为黄色，标注图层为绿色，钢筋线图层为红色。

软件中柱的建模分为两步：识别柱构件、识别柱图元。CAD 识别分为三步：提取（图层）、识别（生成构件）、校核（自动触发、手动触发）。

2.2.1.1　柱构件——柱大样

（1）柱大样图纸示例及说明

柱大样的具体信息（尺寸、钢筋、标高等）在结施 22-002：D2 栋一层墙柱布置图中读取，柱大样表示形式有：柱大样表、原位柱大样、柱表。本工程中柱大样的表示方式为：柱大样表＋原位柱大样，如图 2-2-1 所示。

（2）柱大样设置操作

柱大样设置操作流程如图 2-2-2 所示。

第一步：添加图纸，在【图纸管理】界面点击【添加图纸】，将柱部分的图纸添加到软件中，如图 2-2-3 所示。

第二步：提取边线，导航树下"构件列表""柱"→点击【建模】页签→点击【识别柱大样】→点击〈提取边线〉→点选选择方式（单图元选择、按图层选择、按颜色选择）→绘图区左键选择边线，右键确认，如图 2-2-4 所示。

第三步：提取标注，点击〈提取标注〉→点选选择方式（单图元选择、按图层选择、按颜色选择）→绘图区左键选择标注，右键确认，如图 2-2-5 所示。

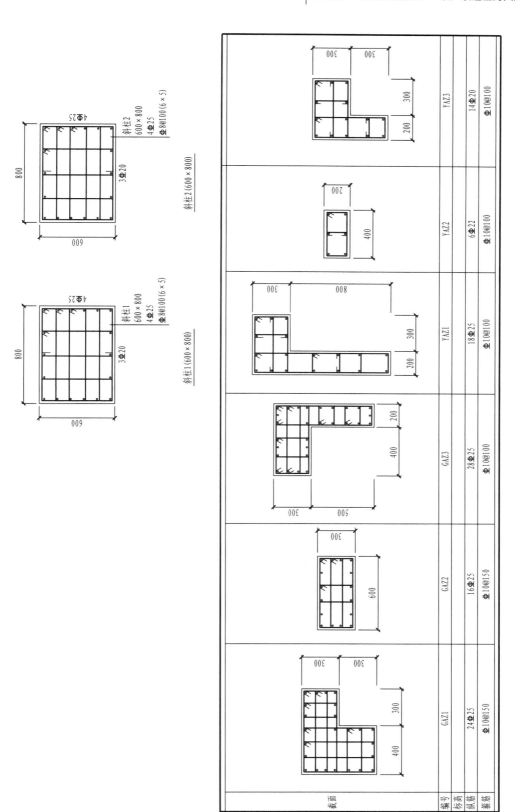

图 2-2-1　柱大样

图 2-2-2　柱大样设置操作流程

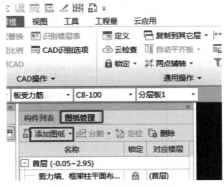

图 2-2-3　添加图纸操作

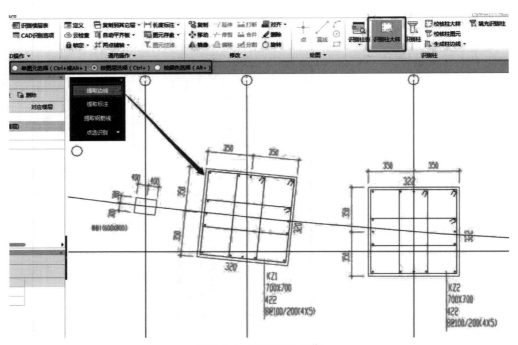

图 2-2-4　提取边线操作

　　第四步：提取钢筋线，点击〈提取钢筋线〉→点选选择方式（单图元选择、按图层选择、按颜色选择）→绘图区左键选择钢筋线，右键确认，如图 2-2-6 所示。

　　第五步：查看已提取图层，【图层管理】界面→勾选〈已提取的 CAD 图层〉→关闭〈CAD 原始图层〉，即可查看已提取的柱图层信息，如图 2-2-7 所示；若想单独查看某一图层（如柱边线图层），点击〈已提取的 CAD 图层〉左边的三角→点击"柱边线"左边的灯泡为亮显，即可查看柱边线图层，如图 2-2-8 所示。

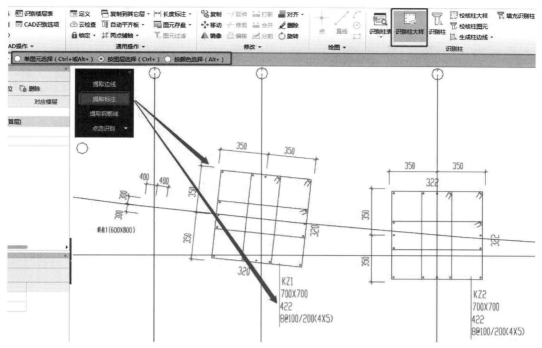

图 2-2-5　提取标注操作

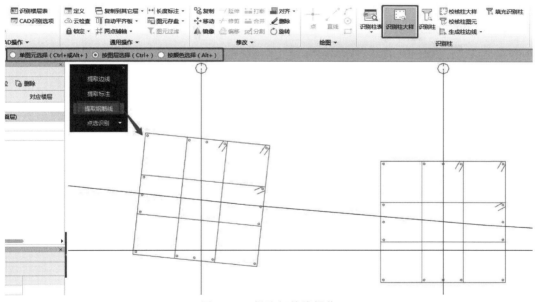

图 2-2-6　提取钢筋线操作

第六步：还原多提取图层，【建模】页签→点击【还原 CAD】→点选选择方式（单图元选择、按图层选择、按颜色选择）→在绘图区左键选择多余图层，右键确认还原。图纸中还原多余图层操作如图 2-2-9 所示，还原后柱大样提取图层最终如图 2-2-10 所示。

第七步：提取漏提取图层，查看已提取图层信息时，若发现有漏提取的图层信息，可以重新返回第二步进行提取。

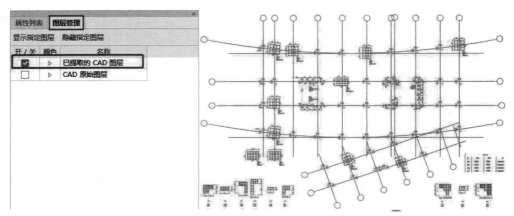

图 2-2-7　查看已提取的柱图层操作

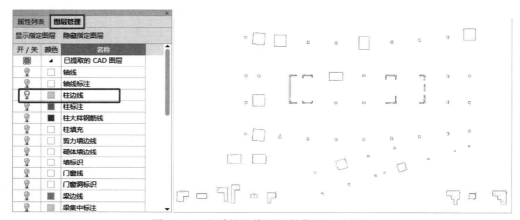

图 2-2-8　查看柱边线图层操作及显示结果

图 2-2-9　还原 CAD 操作

操作技巧

　　一般会在提取完所有图层（边线、标注、钢筋线）后、识别之前，进行整体的还原 CAD/重新提取，避免多次操作。还原范围包括：多余图层信息（如柱和墙的边线在同一图层，或其他无关信息），非柱大样的柱信息（如其他柱的柱边线，是否选择还原可看个人操作习惯，若不还原会在校核中提示"未使用的柱边线信息"）。

　　第八步：识别，点击〈自动识别〉→软件识别完成后显示"识别完毕，共识别到××个柱构件"，自动识别操作界面如图 2-2-11 所示。

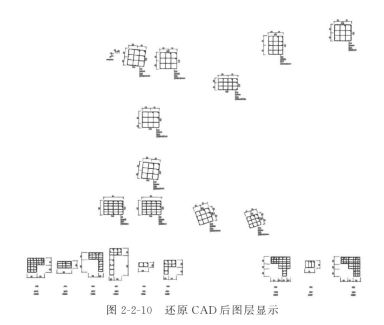

图 2-2-10　还原 CAD 后图层显示　　　　　图 2-2-11　自动识别操作界面

操作技巧

　　软件中识别提供了三种方式，点选识别、框选识别和自动识别，识别后在构件列表生成柱大样构件信息，用于后续的柱识别。

　　〈点选识别〉：对每个构件进行点选操作，通过柱边线选择构件，选择柱标注提取信息，完成识别。单个点选效率较低，但识别准确，且检查方便，一般会对自动识别后的问题构件采用点选识别来修改。

　　〈框选识别〉：拉框选择范围后右键确认，操作简单，适用于局部范围识别。

　　〈自动识别〉：根据提取图层信息自动识别本层柱大样，并自动触发校核弹出识别后的校核报告。

　　第九步：校核修改（图 2-2-12），若为自动识别，自动弹出柱大样校核报告，双击报告中的具体问题，绘图区可定位到具体问题→重新点选识别/属性中修改。

图 2-2-12　柱大样校核修改操作

（3）柱大样构件展示

　　导航树下"构件列表"→单击某柱名称（如 KZ1）→"属性列表"中查看具体信息→点击"截面编辑"→查看具体截面信息，如图 2-2-13 所示。

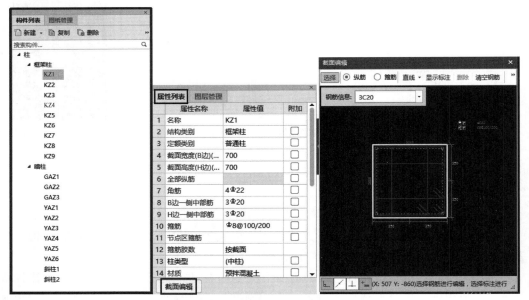

图 2-2-13　柱大样构件展示

2.2.1.2　柱构件——柱表

（1）柱表图纸示例及说明

有些图纸无原位柱大样或柱大样表，只有柱表，如图 2-2-14 所示。

本书配套图纸中无柱表图纸，以其他图纸为例说明识别柱表的软件操作。

柱子配筋表

柱号	标高	$b \times h$	角筋	b 每侧中部筋	h 每侧中部筋	箍筋类型号	箍筋
KZ1	基础顶～3.800	500×500	4Φ22	3Φ18	3Φ18	1(4×4)	φ8@100
	3.800～14.400	500×500	4Φ22	3Φ16	3Φ16	1(4×4)	φ8@100
KZ2	基础顶～3.800	500×500	4Φ22	3Φ18	3Φ18	1(4×4)	φ8@100/200
	3.800～14.400	500×500	4Φ22	3Φ16	3Φ16	1(4×4)	φ8@100/200
KZ3	基础顶～3.800	500×500	4Φ25	3Φ18	3Φ18	1(4×4)	φ8@100/200
	3.800～14.400	500×500	4Φ22	3Φ18	3Φ18	1(4×4)	φ8@100/200

柱号	标高	$b \times h$	角筋	b 每侧中部筋	h 每侧中部筋	箍筋类型号	箍筋	备注
KZ4	基础顶～3.800	500×500	4Φ25	3Φ20	3Φ20	1(4×4)	φ8@100/200	
	3.800～14.400	500×500	4Φ25	3Φ18	3Φ18	1(4×4)	φ8@100/200	
KZ5	基础顶～3.800	600×500	4Φ25	4Φ20	3Φ20	1(5×4)	φ8@100/200	
	3.800～14.400	600×500	4Φ25	4Φ18	3Φ18	1(5×4)	φ8@100/200	
KZ6	基础顶～3.800	500×600	4Φ25	3Φ20	4Φ20	1(4×5)	φ8@100/200	
	3.800～14.400	500×600	4Φ25	3Φ18	4Φ18	1(4×5)	φ8@100/200	

图 2-2-14　柱表图纸说明

（2）识别柱表操作

识别柱表操作流程如图 2-2-15 所示。

图 2-2-15　识别柱表操作流程

点击【识别柱表】→绘图区框选柱表→对弹出的提示框进行检查，确认没问题后点击识别，显示"构件识别完成，共有××个构件被识别"，相应的构件列表中生成构件信息，识别柱表完成，如图 2-2-16 所示。

2.2.1.3　柱图元——框架柱

（1）框架柱图纸示例及说明

柱的图纸信息（名称、尺寸和布置位置）在结施 22-002：D2 栋一层墙柱布置图中读取。

（2）识别柱操作

识别柱操作流程如图 2-2-17 所示。

第一步：添加图纸，同柱大样操作。

第二步：提取边线，【建模】页签下点击【识别柱】→点击〈提取边线〉→点选选择方式→绘图区左键选择边线，右键确认（步骤同柱大样）。

 操作技巧

　　框架柱的边线图层与墙边线在同一图层（如图 2-2-18 所示），提取后需要手动还原墙边线部分，否则会影响后续的柱识别。

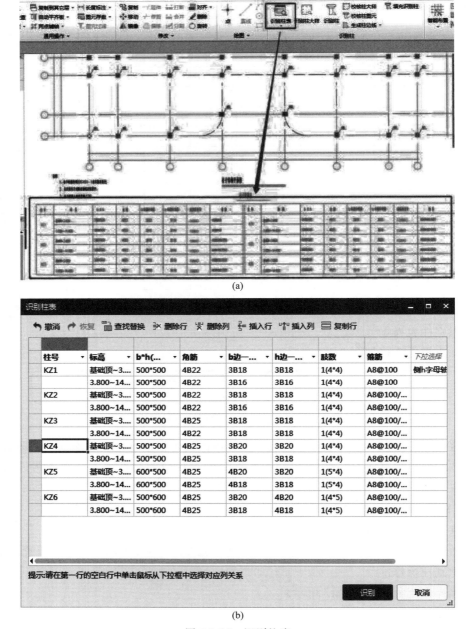

(a)

(b)

图 2-2-16　识别柱表

柱号	标高	b*h(...	角筋	b边一...	h边一...	肢数	箍筋	下拉选择
KZ1	基础顶~3....	500*500	4B22	3B18	3B18	1(4*4)	A8@100	侧h字母轴...
	3.800~14...	500*500	4B22	3B16	3B16	1(4*4)	A8@100	
KZ2	基础顶~3....	500*500	4B22	3B18	3B18	1(4*4)	A8@100/...	
	3.800~14...	500*500	4B22	3B16	3B16	1(4*4)	A8@100/...	
KZ3	基础顶~3....	500*500	4B25	3B18	3B18	1(4*4)	A8@100/...	
	3.800~14...	500*500	4B22	3B18	3B18	1(4*4)	A8@100/...	
KZ4	基础顶~3....	500*500	4B25	3B20	3B20	1(4*4)	A8@100/...	
	3.800~14...	500*500	4B25	3B18	3B18	1(4*4)	A8@100/...	
KZ5	基础顶~3....	600*500	4B25	4B20	3B20	1(5*4)	A8@100/...	
	3.800~14...	600*500	4B25	4B18	3B18	1(5*4)	A8@100/...	
KZ6	基础顶~3....	500*600	4B25	3B20	4B20	1(4*5)	A8@100/...	
	3.800~14...	500*600	4B25	3B18	4B18	1(4*5)	A8@100/...	

提示:请在第一行的空白行中单击鼠标从下拉框中选择对应列关系

图 2-2-17　识别柱操作流程

第三步：提取标注，点击〈提取标注〉→点选选择方式→绘图区左键选择标注，右键确认（步骤同柱大样）。

第四步：还原多提取图层，【建模】页签→点击【还原 CAD】→点选选择方式→在绘图区左键选择多余图层→右键确认还原（步骤同柱大样），还原后柱图层如图 2-2-19 所示。

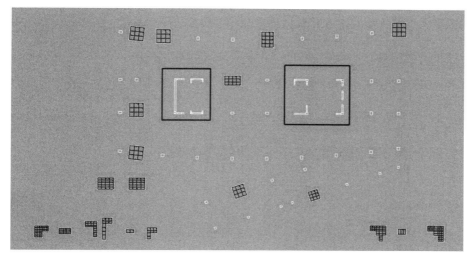

图 2-2-18　墙、柱边线同图层

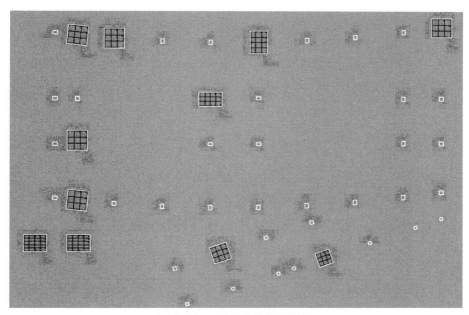

图 2-2-19　还原后柱图层显示

操作技巧

　　识别框架柱边线后，由于暗柱可通过【识别填充柱】操作，因此可对上图框中部分（墙边线、标注及暗柱填充和标注）进行整体还原，避免逐个还原的麻烦。此外，识别前还需将非原位柱大样进行还原，否则会生成多余柱构件。

第五步：点击【自动识别】→识别完成。

第六步：校核修改，若为自动识别→自动弹出柱图元校核报告→双击报告中具体问题，绘图区可定位到具体问题→修改，具体操作如图 2-2-20 所示。

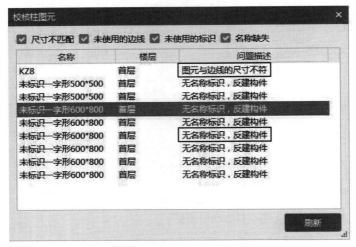
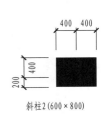

图 2-2-20　框架柱校核修改操作

针对图 2-2-20 中所示的"图元与边线的尺寸不符"问题，确认后发现无须修改。

针对图 2-2-20 中所示的"无名称标识，反建构件"问题，右下角的柱图元无标注（见图 2-2-21），将其修改为 KZ9；斜柱图元直接匹配到斜柱构件，在属性列表中更改图纸名称。

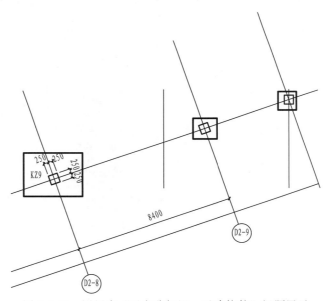

图 2-2-21　图纸中"无名称标识，反建构件"问题展示

刷新后校核报告中问题消失，识别框架柱完成。

（3）柱构件展示

识别完成后的框架柱俯视模型如图 2-2-22 所示，三维模型如图 2-2-23 所示。

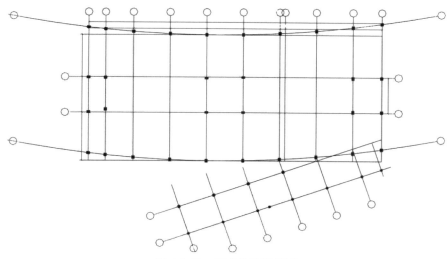

图 2-2-22　框架柱俯视模型

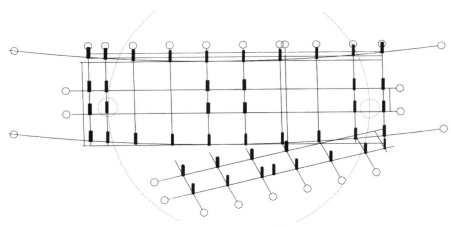

图 2-2-23　框架柱三维模型

📚 **绘制技巧**

    ① 快捷键：显示/隐藏图元，Z；显示/隐藏图元名称和 ID，Shift＋Z。
    ② 快速修改：已识别修改后的柱图元，软件提供了复制、延伸、打断、对齐、移动、修剪、合并、删除、镜像、偏移、旋转、闭合、拉伸等多种修改功能，可用于对图元进行位置和模型的调整。

（4）套做法说明

以上海清单规则为例，对柱的套做法进行详细说明。具体清单规则为"建设工程工程量清单计价规范计算规则-上海（R1.0.23.0）"。定额规则为"上海市建筑和装饰工程预算定额工程量计算规则（2016）（R1.0.23.0）"。规则说明如图 2-2-24 所示。

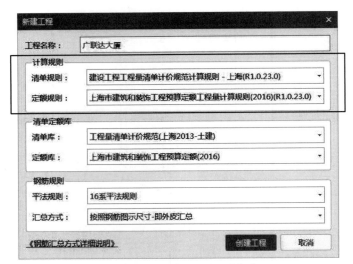

图 2-2-24　柱套做法规则说明

套做法在软件中的触发流程如图 2-2-25 所示：选择 KZ1 后点击【定义】按钮/双击KZ1→弹出"定义"界面→点击"构件做法"→切换到"构件做法"界面。

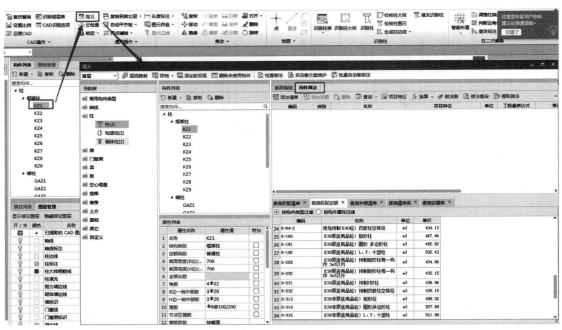

图 2-2-25　柱套做法操作流程

柱套做法有两个工程量：模板工程量、混凝土报表工程量。软件提供了三种套做法的方式：查询匹配、查询清单定额、自动套做法。下边将以 KZ1 为例分别介绍三种方式。

① 查询匹配（根据构件提供自动匹配项）。

a. 点击〈添加清单〉→选择〈查询匹配清单〉→双击所需清单（矩形柱的体积和模板面积）→套清单完成，如图 2-2-26 所示。

b. 选择需套定额的清单项→点击〈添加定额〉→选择〈查询匹配定额〉→选择相应定

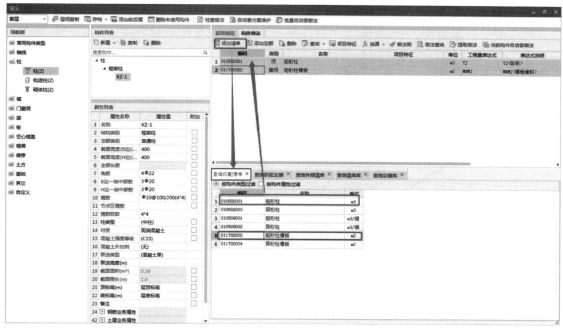

图 2-2-26　查询匹配清单

额（部分地区模板为措施工程，无法通过构件提供匹配，需要采用第二种方法直接查询清单定额）→完成套定额，如图 2-2-27 所示。

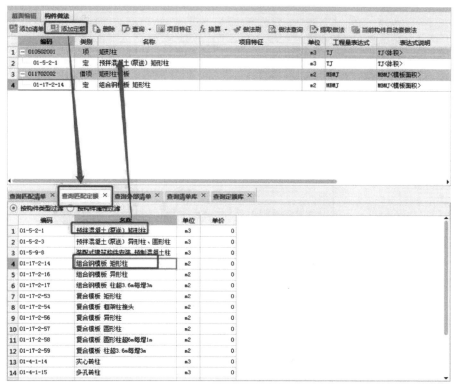

图 2-2-27　查询匹配定额

② 查询清单定额（需要熟悉构件有哪些工程量）。

a.点击〈添加清单〉→选择〈查询清单库〉→选择左侧对应内容/搜索关键字（如图 2-2-28 所示。如图 2-2-29 所示，模板无内容，只能采用上述查询匹配清单中矩形柱模板借项）→双击所需清单（矩形柱的体积和模板面积）→套清单完成。

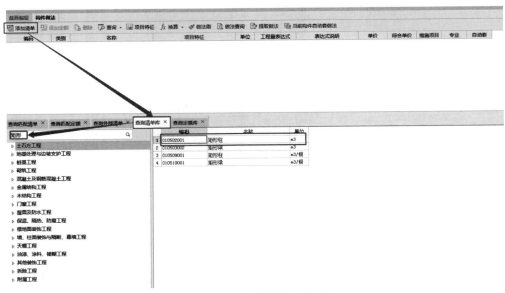

图 2-2-28　查询清单库中矩形柱

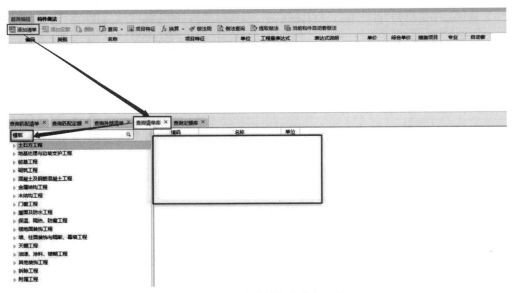

图 2-2-29　查询清单库中模板面积

b.选择需套定额的清单项→点击〈添加定额〉→选择〈查询定额库〉→选择左侧对应内容/搜索关键字（如图 2-2-30）→双击所需定额（矩形柱的体积和模板面积）→套定额完成。

③ 自动套做法。自动套做法由"自动套方案维护""当前构件自动套做法"和"批量自动套做法"三个功能组成。可以使用"自动套方案维护"功能编辑属于自己的个性化做法方

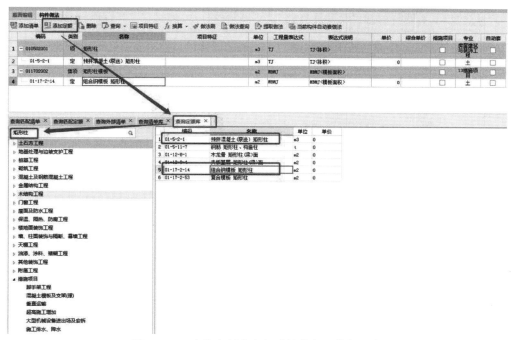

图 2-2-30　查询定额库中矩形柱体积、模板面积

案，或载入自己常用的方案直接使用，然后使用软件的"当前构件自动套做法""批量自动套做法"功能，软件会按方案的条件，自动找到符合属性条件的构件来匹配相应做法。

　　a. 点击〈自动套方案维护〉→设置匹配条件→选用上述方法（查询匹配或查询清单定额）添加清单、定额→自动套方案维护完成。

　　b. 点击〈当前构件自动套做法〉→弹窗提示"将覆盖当前构件已有做法，是否继续？"，选择"是"→自动套做法完成，如图 2-2-31 所示。

图 2-2-31　当前构件自动套做法

　　c. 点击〈批量自动套做法〉→弹窗中选择批量部分"柱"→确定后批量套做法完成，如图 2-2-32 所示。

2.2.1.4　柱图元——暗柱

（1）暗柱图纸示例及说明

柱的图纸信息（名称、尺寸和布置位置）在结施 22-002：D2 栋一层墙柱布置图中读取。

图 2-2-32　批量自动套做法

　　识别暗柱有两种方式：识别柱和填充识别柱，当图纸中的图层有柱填充时，且图层中无柱边线或柱边线与墙边线在同一图层（识别柱时需要将墙边线一一还原，比较麻烦）时，使用填充识别柱会更方便，本图纸中有柱填充，且柱边线和墙边线在同一图层，暗柱识别采用【填充识别柱】进行识别，〈提取填充〉→〈提取标注〉→〈自动识别〉即可，如图 2-2-33 所示。

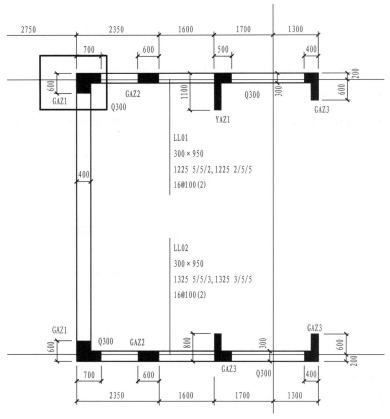

图 2-2-33　暗柱图纸说明

（2）暗柱识别操作

暗柱识别操作流程如图 2-2-34 所示。

图 2-2-34　暗柱识别操作流程

第一步：添加图纸，同柱大样识别。

第二步：提取填充，【建模】页签下点击【填充识别柱】→点击〈提取填充〉→勾选选择方式→绘图区左键选择边线、右键确认，如图 2-2-35 所示。

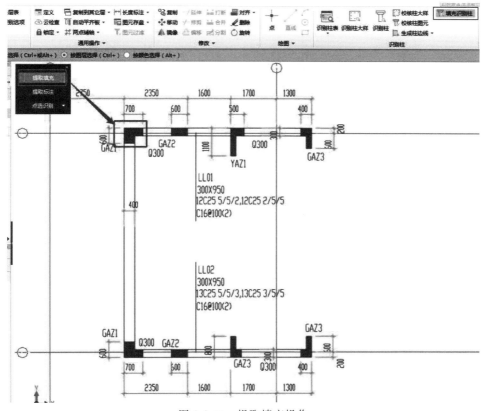

图 2-2-35　提取填充操作

操作技巧

　　暗柱的边线图层是独立的，但与墙图层位置重叠，提取时注意选择填充部分的边线，即可得到单独的暗柱填充图层，如图 2-2-36 所示。

第三步：提取标注，点击〈提取标注〉→勾选选择方式→绘图区左键选择标注、右键确认。

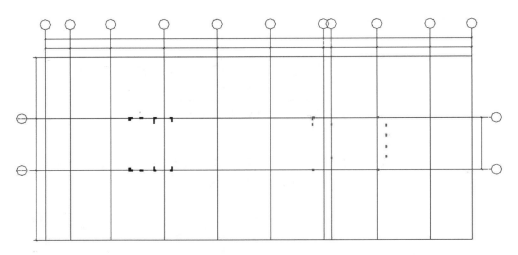

图 2-2-36　暗柱填充图层

 操作技巧

　　提取标注时由于墙柱同层的原因，会将墙的标注进行提取，可对墙标注进行还原。但采用柱填充识别时对后续识别不会产生影响。

　　第四步：查改图层信息，【建模】页签→点击【还原 CAD】→点击选择方式→在绘图区左键选择多余图层→右键确认还原。

　　第五步：点击〈自动识别〉→识别完成。

　　第六步：校核修改，若为自动识别→自动弹出柱图元校核报告→双击报告中的具体问题，绘图区可定位到具体问题→修改。

　　（3）柱构件展示

　　识别完成后的暗柱俯视模型如图 2-2-37 所示，三维模型如图 2-2-38 所示。

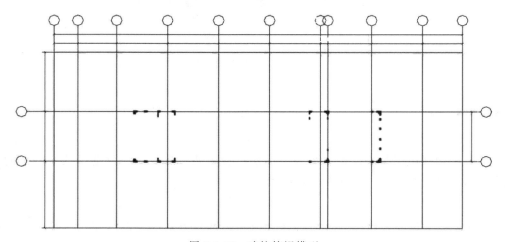

图 2-2-37　暗柱俯视模型

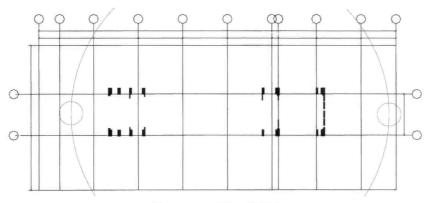

图 2-2-38　暗柱三维模型

所有柱的俯视模型如图 2-2-39 所示，三维模型如图 2-2-40 所示。

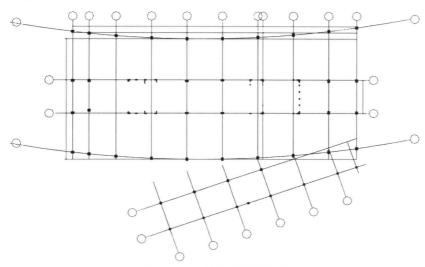

图 2-2-39　所有柱俯视模型

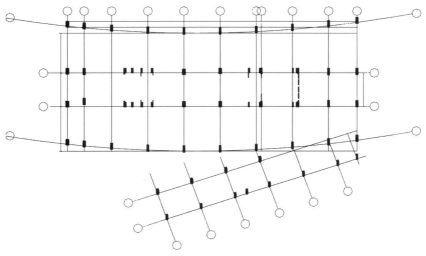

图 2-2-40　所有柱三维模型

绘制技巧

　　当图纸中暗柱没有柱填充时，柱识别只能采取识别柱的方式，此时若无柱边线图层，提取时无法进行提取，继续执行提取标注时会显示"请先提取柱边线"，此时可以采用生成柱边线/自动生成柱边线功能。

　　生成柱边线步骤：点击【识别剪力墙】→点击〈提取墙边线〉（剪力墙图层中）→点击【生成柱边线】→点击柱内部生成封闭柱边线，如图 2-2-41(a) 所示。

　　自动生成柱边线步骤：点击【识别剪力墙】→点击〈提取墙边线〉（剪力墙图层中）→点击【识别柱】→点击〈提取柱标注〉（柱图层中）→点击〈自动识别柱边线〉→自动生成所有墙边线的柱边线，如图 2-2-41(b) 所示。

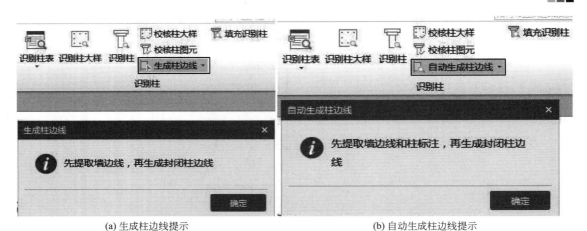

(a) 生成柱边线提示　　　　　　　　　　　　　(b) 自动生成柱边线提示

图 2-2-41　（自动）生成柱边线时的提示

 **操作技巧**

　　快捷键：显示/隐藏图元，Z；显示/隐藏图元名称和 ID，Shift＋Z。

　　快速修改：已识别修改后的柱图元，软件提供了复制、延伸、打断、对齐、移动、修剪、合并、删除、镜像、偏移、旋转、闭合、拉伸等多种修改功能，可用于对图元进行位置和模型的调整。

2.2.1.5　柱二次编辑

（1）斜柱

　　图纸中存在两个斜柱，需要在绘制完成后进行斜柱设置。软件中布置斜柱有四种方式：倾斜角度、倾斜尺寸、正交偏移、极轴偏移，可根据图纸信息进行选择。

　　由"D2 栋一层墙柱布置图"可见，首层轴线 (D2-2) 和 (D2-1) 之间的距离不是固定的，在首层底部为 2400mm，首层顶部为 3900mm，根据此信息可对斜柱 1 和斜柱 2 进行【设置斜柱】（简称"设斜"，如图 2-2-42 所示），设斜完成后首层柱三维显示如图 2-2-43 所示。

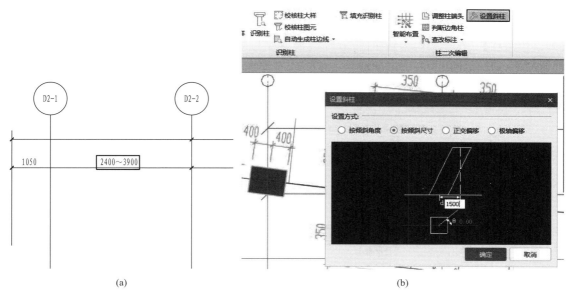

（a）　　　　　　　　　　　　　　　　　　　　　　（b）

图 2-2-42　斜柱设置操作

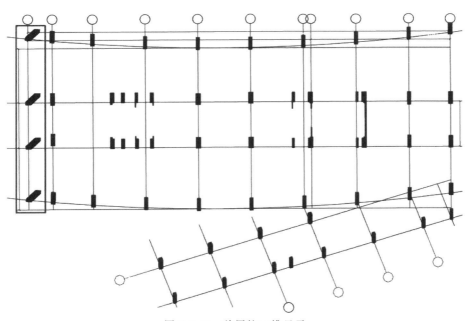

图 2-2-43　首层柱三维显示

（2）边角柱

柱的类型按照位置可分为：边柱、角柱和中间柱，根据平法规则，抗震框架柱在"顶层"的时候，由于内侧和外侧纵筋在顶部的锚固有所不同，因此需要区分出哪些纵筋属于外侧筋，哪些纵筋属于内侧筋，然后按照内外侧各自不同的顶部锚固形式去计算钢筋量。所以在"顶层"，框架柱绘制完成后，需要进行边角柱设置。

"顶层"简单解释即指该柱子之上不再有柱子的情况，如屋顶层，还可指大型地下室某块区域上方为绿地，不再有柱子存在时，则地下室这片区域内的柱子可被理解为位于"顶层"。

边角柱的修改（图 2-2-44）可批量选择后在属性列表中对柱的类型进行修改，也可点击【判断边角柱】（在柱二次编辑中），软件会根据柱与梁、基础梁、连梁、剪力墙相交的位置进行判断。柱变颜色后表明判断成功，柱钢筋才能计算准确。

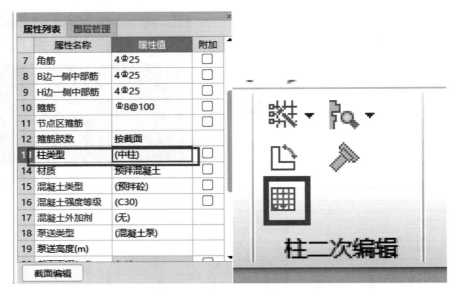

图 2-2-44　边角柱修改操作

软件中的边柱、角柱和中柱通过颜色进行区分，如图 2-2-45 所示，边柱为浅蓝色，角柱为深蓝色，中柱为紫色。

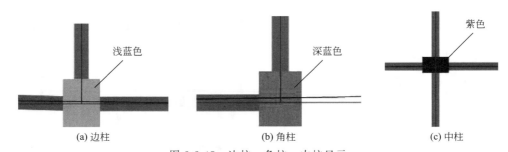

图 2-2-45　边柱、角柱、中柱显示

判断完成后，效果如图 2-2-46 所示。

2.2.2　剪力墙、暗梁及连梁

2.2.2.1　剪力墙

（1）剪力墙图纸示例及说明

剪力墙在结构图和建筑图中均有。以 D2 栋一层轴线 (D2-3) 与轴线 (D2-5) 之间，轴线

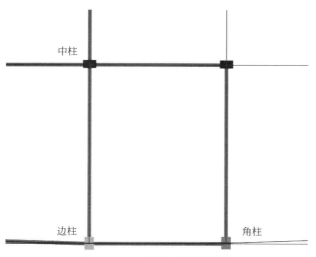

图 2-2-46　判断边角柱后效果

(D2-B)与轴线(D2-C)之间为例，剪力墙在结构图中的呈现形式如图 2-2-47 所示，在建筑图中的呈现形式如图 2-2-48 所示。

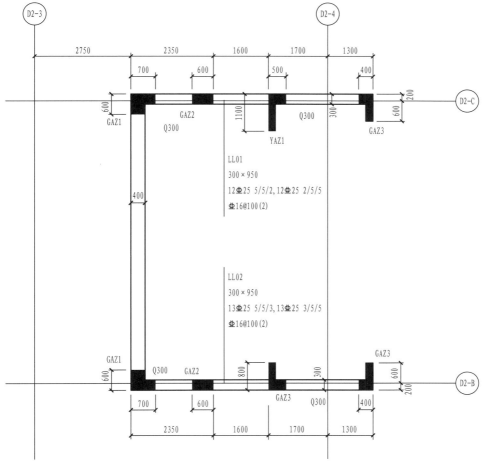

图 2-2-47　结构图中剪力墙示例

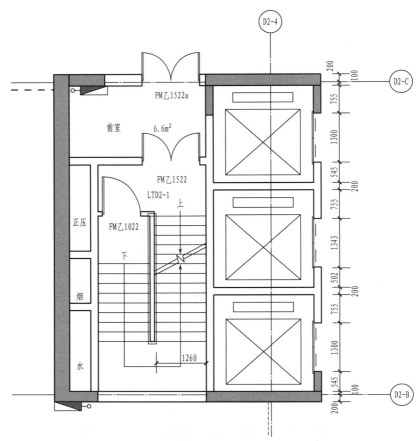

图 2-2-48　建筑图中剪力墙示例

（2）识别剪力墙操作

识别剪力墙的操作流程如图 2-2-49 所示。

图 2-2-49　识别剪力墙操作流程

第一步：加载图纸。加载"D2 栋一层墙柱布置图"。

第二步：识别剪力墙表。"墙"→"剪力墙"→点击【识别剪力墙表】。框选图纸中剪力墙表（如图 2-2-50 所示）后，右键确认（识别结果如图 2-2-51 所示），修改识别有误的信息以及未识别的构件。由图 2-2-50 可知，剪力墙表中缺失钢筋型号，导致图 2-2-51 的识别结果中有信息缺失，将识别结果中的"TM"改为钢筋型号即可。

第三步：提取墙边线。点击【识别剪力墙】→〈提取剪力墙边线〉。选择剪力墙边线后右键确认即可，如图 2-2-52 所示，图中以左侧剪力墙边线示例。

第四步：提取墙标识。点击〈提取墙标识〉，选取图纸中墙标识后右键确认即可。提取墙标识后的图层如图 2-2-53 所示。

第五步：提取门窗。识别门窗线，因为示例部分没有门窗线，所以此步骤省略。

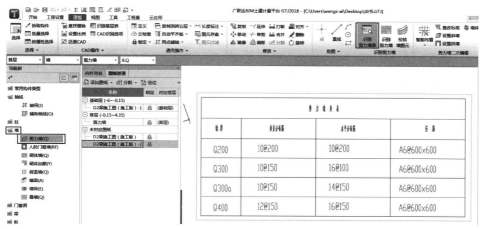

图 2-2-50　识别剪力墙表步骤

图 2-2-51　剪力墙表识别结果

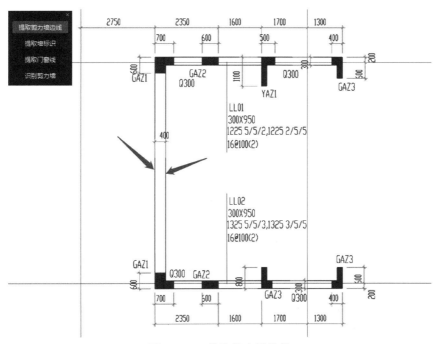

图 2-2-52　提取剪力墙边线

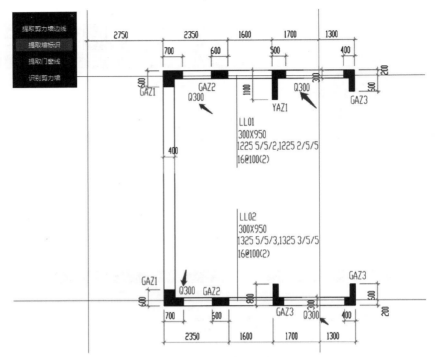

图 2-2-53　提取墙标识

第六步：识别剪力墙。点击〈识别剪力墙〉，选择自动识别，识别结果如图 2-2-54 所示。

由图 2-2-47 可以看出，左侧 400mm 厚的墙缺失标识标注，因此导致在图 2-2-54 中未被识别。此时可以通过直线绘制补充缺失剪力墙。绘制之后的剪力墙如图 2-2-55 所示。

第七步：校核墙图元。点击【校核墙图元】后，双击问题项查找问题。校核墙图元界面如图 2-2-56 所示。"未使用的墙边线"可以采用点选识别的方式补充识别。校核无误后，忽略提示即可。

图 2-2-54　自动识别的剪力墙

（3）剪力墙模型展示

绘制完成后的剪力墙模型如图 2-2-57 所示。

（4）套做法说明

以上海清单规则为例，对剪力墙如何套做法进行详细说明。具体清单规则为：建设工程工程量清单计价规范计算规则-上海（R1.0.23.0）；定额规则为：上海市建筑和装饰工程预算定额工程量计算规则（2016）（R1.0.23.0）。规则说明如图 2-2-58 所示。

以 D2 栋一层轴线 (D2-3) 与轴线 (D2-5) 之间，轴线 (D2-B) 与轴线 (D2-C) 之间为例，讲解套做法在软件中的操作流程。选择 Q400 后点击【定义】按钮或者双击 Q400 或者 F2 快捷键→弹出定义界面→切换到"构件做法"界面，如图 2-2-59 所示。

剪力墙套做法时需要的子目包括剪力墙混凝土、剪力墙模板、剪力墙模板超高。软件提供了三种套做法的方式：查询匹配、查询清单定额、自动套做法。以 Q400（墙高 4.5m）为例介绍如何以第一种方式给剪力墙套做法，其余两种方式在第 2.2.1 节已经讲解过，不再详述。

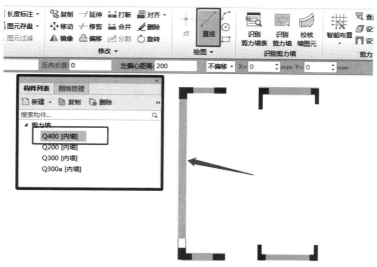

图 2-2-55　直线绘制剪力墙

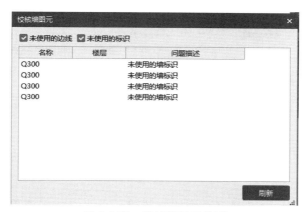

图 2-2-56　校核墙图元界面

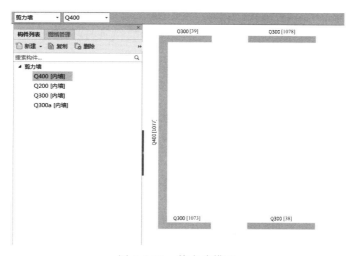

图 2-2-57　剪力墙模型

图 2-2-58　剪力墙套做法规则说明

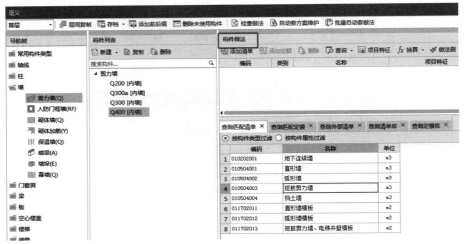

图 2-2-59　剪力墙套做法操作流程

① 点击〈添加清单〉→选择〈查询匹配清单〉→双击所需清单（直形墙和直形墙模板），如图 2-2-60 所示。

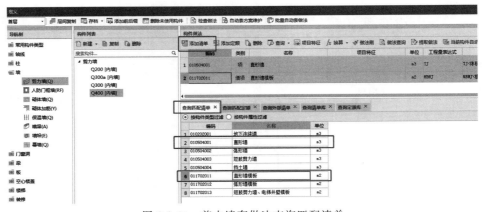

图 2-2-60　剪力墙套做法查询匹配清单

② 选择需套定额的清单项→点击〈添加定额〉→选择〈查询匹配定额〉。直形墙套用"预拌混凝土（泵送）直形墙、电梯井壁"，直形墙模板套用"复合模板-直形墙、电梯井壁"

及"复合模板 墙超 3.6m 每增 3m"，如图 2-2-61 所示。

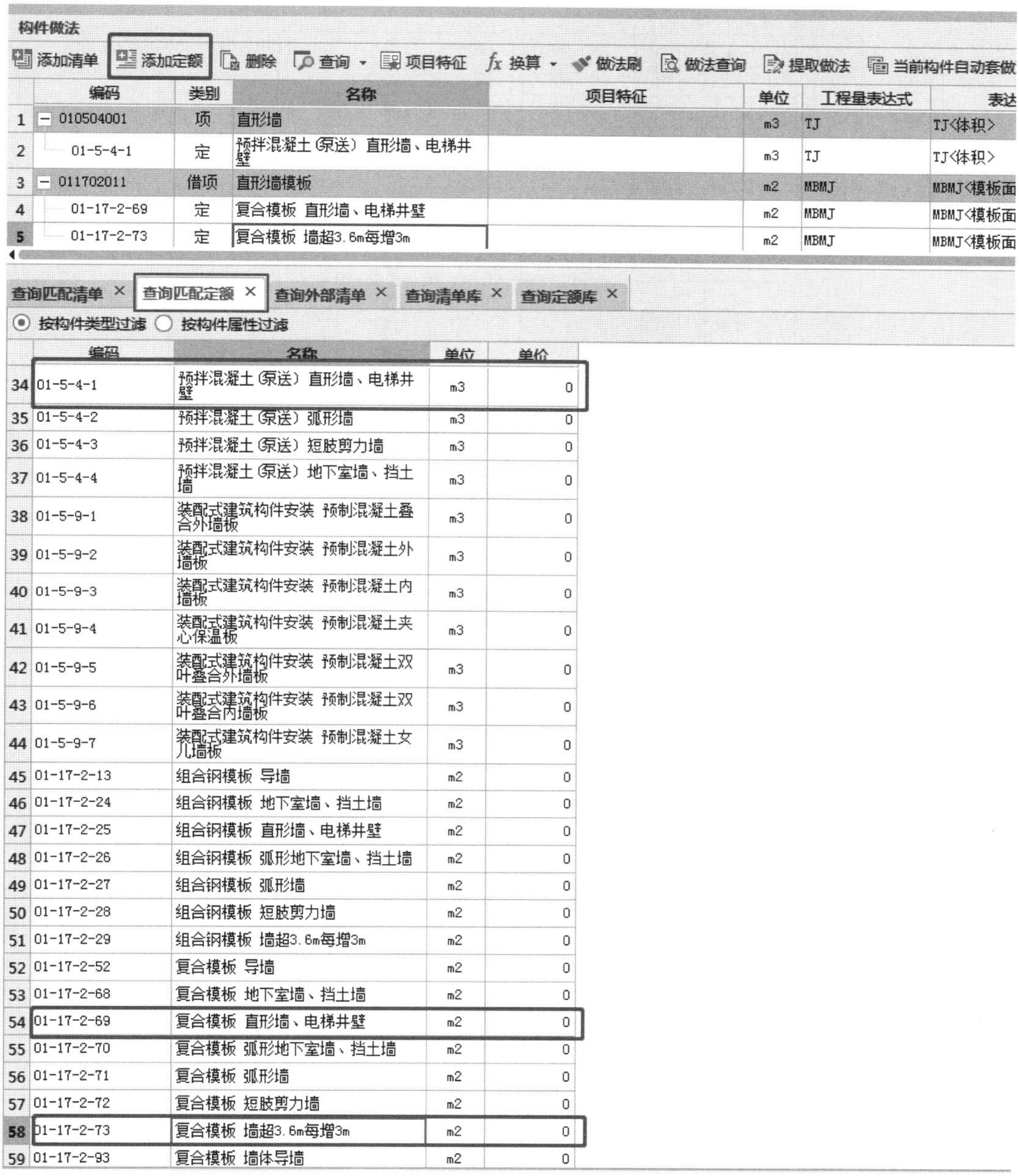

图 2-2-61　剪力墙套做法查询匹配定额

2.2.2.2　暗梁

（1）暗梁图纸示例及说明

暗梁一般设计在剪力墙内的顶部，未在图纸中标注的会在结构说明中注明。以 16G101 系列图集为例（如图 2-2-62 所示）讲解暗梁的绘制方法。

（2）绘制暗梁操作

绘制暗梁操作流程如图 2-2-63 所示。

剪力墙梁表

编号	所在楼层号	梁顶相对标高高差	梁截面 $b \times h$	上部纵筋	下部纵筋	箍筋
LL1	2~9	0.800	300×2000	4Φ25	4Φ25	Φ10@100(2)
	10~16	0.800	250×2000	4Φ22	4Φ22	Φ10@100(2)
	屋面1		250×1200	4Φ20	4Φ20	Φ10@100(2)
LL2	3	-1.200	300×2520	4Φ25	4Φ25	Φ10@150(2)
	4	-0.900	300×2070	4Φ25	4Φ25	Φ10@150(2)
	5~9	-0.900	300×1770	4Φ25	4Φ25	Φ10@150(2)
	10~屋面1	-0.900	250×1770	4Φ22	4Φ22	Φ10@150(2)
LL3	2		300×2070	4Φ25	4Φ25	Φ10@100(2)
	3		300×1770	4Φ25	4Φ25	Φ10@100(2)
	4~9		300×1170	4Φ25	4Φ25	Φ10@100(2)
	10~屋面1		250×1170	4Φ22	4Φ22	Φ10@100(2)
LL4	2		250×2070	4Φ20	4Φ20	Φ10@120(2)
	3		250×1770	4Φ20	4Φ20	Φ10@120(2)
	4~屋面1		250×1170	4Φ20	4Φ20	Φ10@120(2)
AL1	2~9		300×600	3Φ20	3Φ20	Φ8@150(2)
	10~16		250×500	3Φ18	3Φ18	Φ8@150(2)
BKL1	屋面1		500×750	4Φ22	4Φ22	Φ10@150(2)

图 2-2-62　图集中剪力墙梁表

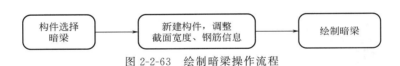

图 2-2-63　绘制暗梁操作流程

第一步：导航树下"构件列表"→"墙"→"暗梁"，如图 2-2-64 所示。

第二步：新建暗梁构件，之后定义截面高度及钢筋信息，如图 2-2-64 所示。

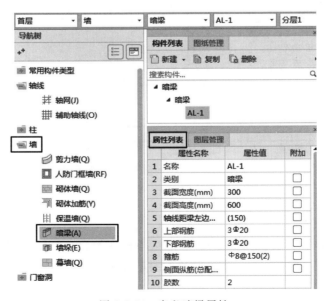

图 2-2-64　定义暗梁属性

第三步：绘制暗梁。点击【智能布置】后，左键选择需要布置暗梁的剪力墙，右键确认，完成暗梁的绘制，如图 2-2-65 所示。

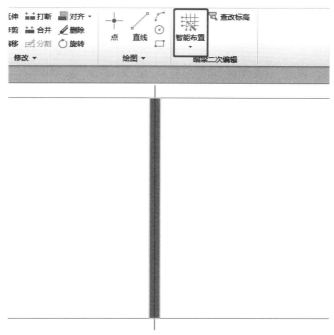

图 2-2-65　在剪力墙上布置暗梁

（3）暗梁模型展示

绘制完成后的暗梁模型如图 2-2-66 所示。

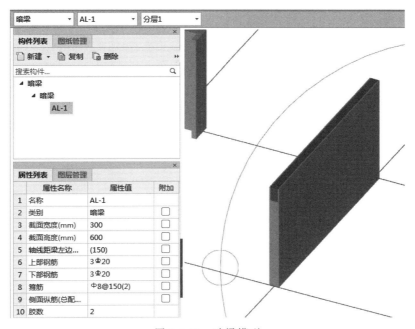

图 2-2-66　暗梁模型

（4）套做法说明

暗梁套做法参照第 2.2.2.1 节（4）的剪力墙套做法即可。

2.2.2.3 连梁

（1）连梁图纸示例及说明

连梁信息通常在图纸中的配筋表、集中标注或者节点详图中读取。D2 栋办公楼的连梁信息由集中标注读取。以本工程轴线 D2-3 与轴线 D2-4 之间，轴线 D2-B 与轴线 D2-C 之间为例，连梁信息如图 2-2-67 所示。

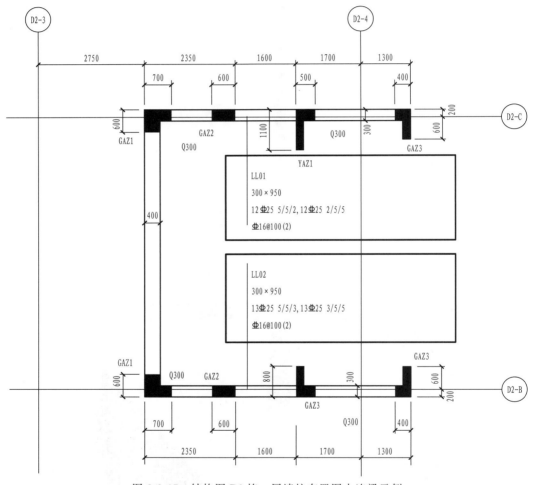

图 2-2-67　结构图 D2 栋一层墙柱布置图中连梁示例

（2）设置连梁信息操作

设置连梁信息的操作流程如图 2-2-68 所示。

图 2-2-68　设置连梁信息操作流程

第一步：加载图纸。

第二步：识别连梁表。"梁"→"连梁"→点击【识别连梁表】。由于示例图纸中无连梁表，因此跳过此步骤。

第三步：提取连梁边线。"梁"→"连梁"→点击【识别梁】→〈提取边线〉。之后勾选单图元选择，左键依次点击 LL01 和 LL02 的边线，右键确认完成连梁边线的提取，如图 2-2-69 所示。

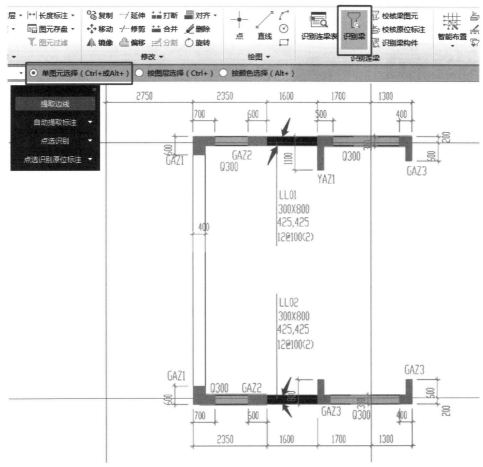

图 2-2-69 提取连梁边线

第四步：提取连梁标注。点击〈自动提取标注〉，之后勾选"按图层选择"，并拉框选择 LL01 及 LL02 的集中标注，右键确认后完成连梁标注的提取，如图 2-2-70 所示。

第五步：自动识别梁。点击〈点选识别〉下拉框，选择〈自动提取标注〉，识别结果如图 2-2-71 所示。

第六步：调整属性及配筋信息。如图 2-2-71 所示，上下部通长筋未识别，因此需要手动添加钢筋信息，补充钢筋信息后的连梁属性如图 2-2-72 所示。

（3）连梁模型展示

绘制完成后的连梁模型如图 2-2-73 所示。

（4）套做法说明

连梁套做法参照第 2.2.2.1 节（4）的剪力墙套做法即可。

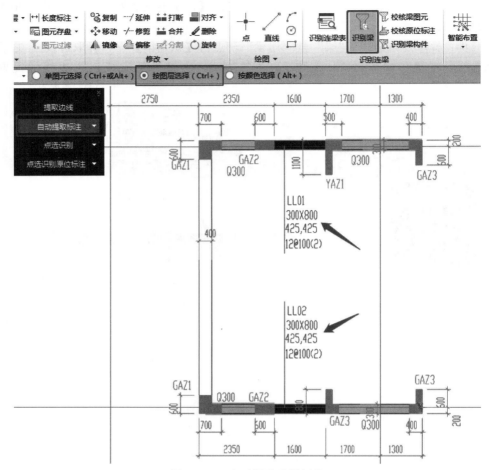

图 2-2-70　自动提取连梁标注

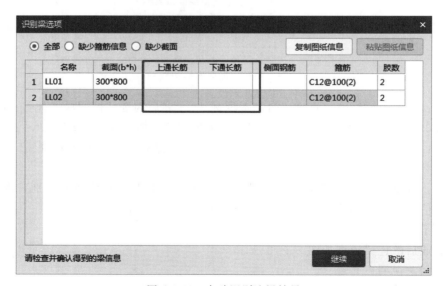

图 2-2-71　自动识别连梁结果

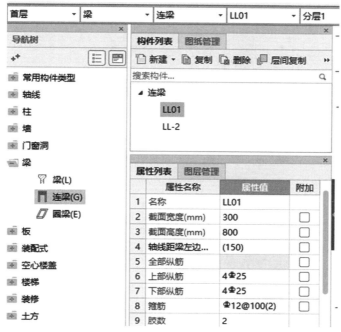

图 2-2-72　连梁属性

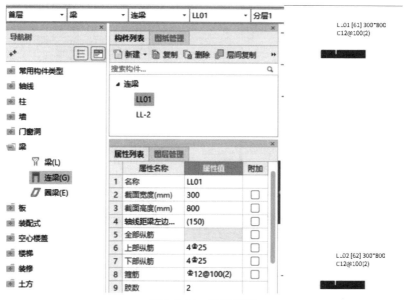

图 2-2-73　连梁模型

2.2.3　梁

2.2.3.1　图纸示例及说明

D2 栋三层梁配筋平面图如图 2-2-74 所示，其中，典型梁配筋：KL317 配筋图如图 2-2-75 所示，L318 配筋图如图 2-2-76 所示，KL520 配筋图如图 2-2-77 所示。

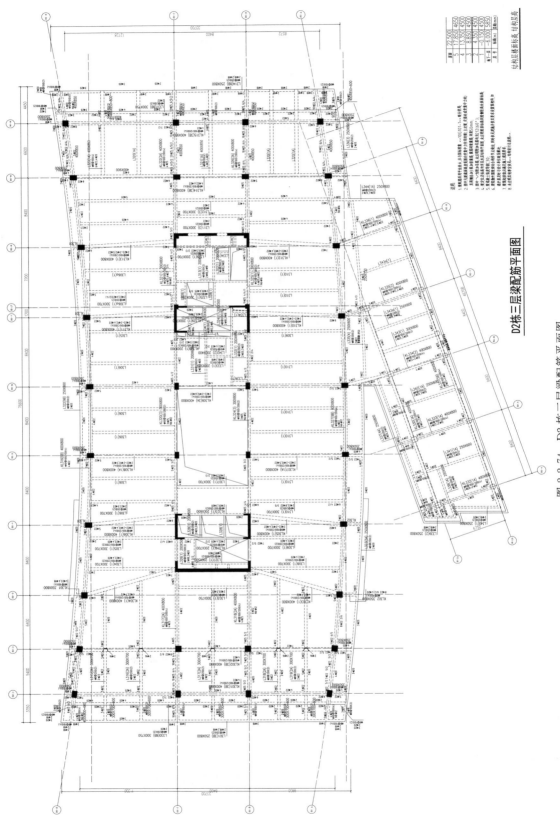

D2栋三层梁配筋平面图

图 2-2-74 D2栋三层梁配筋平面图

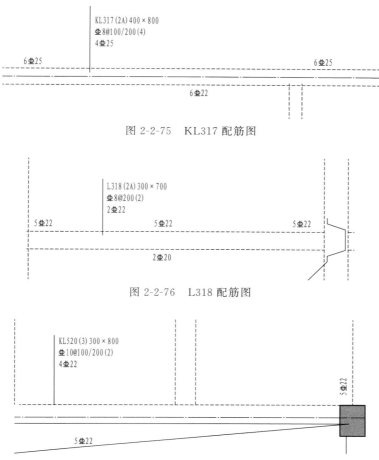

图 2-2-75　KL317 配筋图

图 2-2-76　L318 配筋图

图 2-2-77　KL520 配筋图

梁的 CAD 图纸中，主要包含梁的位置、尺寸、标高以及梁内钢筋等信息，其中，两条平行的线条代表着梁所在的位置，从梁上引出的线条旁边的文字为梁的集中标注，梁上与梁下的钢筋标注代表着梁的原位标注，此处以 KL317（图 2-2-75）为例，说明符号所代表的具体意义。

（1）KL317（2A）400×800：编号为 317 的框梁，两跨，一端悬挑，截面尺寸为宽 400mm、高 800mm。

（2）Φ8@100/200（4）：梁箍筋是Ⅲ级钢，直径 8mm，加密区布置间距为 100mm，非加密区布置间距为 200mm，四肢箍。

（3）4Φ25：梁配置 4 根Ⅲ级、直径为 25mm 的上部贯通筋。

（4）6Φ25：梁的左右支座配置 6 根Ⅲ级、直径为 25mm 的支座负筋。

（5）6Φ22：梁配置 6 根Ⅲ级、直径为 22mm 的下部纵筋。

2.2.3.2　梁的识别操作

梁的识别操作分为五步，操作流程如图 2-2-78 所示。

第一步：提取梁边线及梁标注。导航树下"构件列表"→"梁"→"梁"子构件→点击【识别梁】→〈提取边线〉，如图 2-2-79 所示。鼠标左键点击 CAD 图纸上代表梁边线的所有线，右键确认。

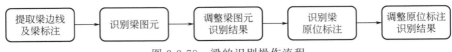

图 2-2-78 梁的识别操作流程

导航树下"构件列表"→"梁"→"梁"子构件→点击【识别梁】→〈自动提取标注〉，如图 2-2-79 所示。接下来使用鼠标左键点击 CAD 图纸上代表梁标注的所有文字，右键确认。

第二步：识别梁图元。梁的识别方式有三种，分别是自动识别、框选识别、点选识别，如图 2-2-80 所示，在识别时根据图纸的实际场景来选择对应的识别方式。

（1）自动识别梁

一键将当前楼层内的图纸上已经提取的所有的梁图元识别完毕。具体操作：导航树下"构件列表"→"梁"→"梁"子构件→点击【识别梁】→〈自动识别梁〉。

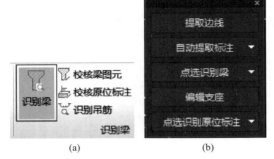

图 2-2-79 提取梁边线及自动提取标注 　　　　　图 2-2-80 点选识别梁界面

触发〈自动识别梁〉后，会弹出"识别梁选项"窗体，在窗体内显示提取到的所有的梁标注。双击梁名称单元格进行标注反查，双击钢筋信息单元格进行钢筋信息的修改，确认无误后点击继续则继续识别梁图元，如图 2-2-81 所示。

	名称	截面(b*h)	上通长筋	下通长筋	侧面钢筋	箍筋	胶数
1	KL201(3B)	400*900	4C22			C8@100/200(4)	4
2	KL202(5)	400*900	4C22			C10@100/200(4)	4
3	KL203(1A)	400*800	6C22	6C22		C8@100/200(4)	4
4	KL204(1)	400*800	4C22	7C22		C8@100/200(4)	4
5	KL205(1A)	400*800	2C22+2C12	5C22		C8@100/200(4)	4
6	KL206(1)	400*800	2C22+2C12	4C22		C8@100/200(4)	4
7	KL207(1A)	400*800	2C22+2C12	5C22		C8@100/200(4)	4
8	KL208(1A)	400*800	2C22+2C12	5C22		C8@100/200(4)	4
9	KL209(3A)	400*800	2C22+2C12	6C22		C8@100/200(4)	4
10	KL210(1)	400*800	2C22+2C12	5C22		C8@100/200(4)	4
11	KL211(1)	400*800	2C22+2C12	4C22		C8@100/200(4)	4

请检查并确认得到的梁信息　　　　　　　　继续　　取消

图 2-2-81 识别梁选项

（2）框选识别梁

将鼠标框选范围内所有的梁图元识别完毕。具体操作：导航树下"构件列表"→"梁"→"梁"子构件→点击【识别梁】→〈框选识别梁〉。

触发〈框选识别梁〉后，鼠标左键在绘图区拉框选择需要识别的梁图纸，框选完毕后单击鼠标右键确认。此时会弹出"识别梁选项"窗体，在窗体内显示提取到的所有的梁标注。

双击梁名称单元格进行标注反查，双击钢筋信息单元格进行钢筋信息的修改，确认无误后点击继续则继续识别梁图元。

（3）点选识别梁

识别鼠标点选的单根梁。具体操作：导航树下"构件列表"→"梁"→"梁"子构件→点击【识别梁】→〈点选识别梁〉。

触发〈点选识别梁〉后，会弹出"点选识别梁"窗体。鼠标左键在绘图区点选需要识别的梁的集中标注，此时窗体内会显示该梁的属性信息，确认无误后窗体内点击〈确定〉。接着鼠标再在绘图区左键点选需要识别的梁边线，右键确认，如图 2-2-82 所示。

图 2-2-82　点选识别梁窗体

第三步：调整梁图元识别结果。梁识别完毕后，会弹出"校核梁图元"窗体，如图 2-2-83 所示。也可以在导航树下"构件列表"→"梁"→"梁"子构件→点击【校核梁图元】触发此窗体，如图 2-2-84 所示。窗体内显示梁图元的识别结果，双击识别结果可以进行反查。

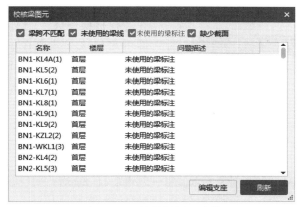

图 2-2-83　校核梁图元窗体

图 2-2-84　校核梁图元触发界面

梁的识别报告"校核梁图元"窗体内将梁的识别问题分为四类，分别是梁跨不匹配、未使用的梁线、未使用的梁标注、缺少截面。梁跨不匹配是指识别的梁图元的跨数与图纸上标注的实际跨数不一致；未使用的梁线是指提取后未被识别的梁边线。

未使用的梁标注是指提取后未被识别的梁标注。

缺少截面是指该梁在识别时没有找到截面标注。

（1）梁跨不匹配的调整

"校核梁图元"窗体内选择〈编辑支座〉功能按钮，如图 2-2-85 所示，接着在绘图区先选择需要编辑支座的梁图元，然后点选梁的支座进行支座的增加。也可以点选梁的支座标记进行支座的删除，如图 2-2-86 所示。

（2）未使用的梁边线、未使用的梁标注的调整

在"校核梁图元"窗体内双击"未使用的梁边线"，如图 2-2-87 所示，或者"未使用的梁标注"即可定位该梁边线或梁标注所在的位置。对于提取到的不需要识别的梁边线、梁标

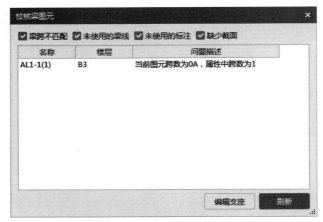

图 2-2-85　触发编辑支座功能界面

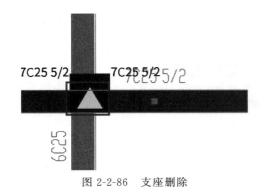

图 2-2-86　支座删除

注可以使用【Delete】键进行删除，调整完毕后在窗体内点击〈刷新〉，该条报告即可消失。

（3）缺少截面的调整

在"校核梁图元"窗体内双击"缺少截面尺寸"即可定位该梁线所在的位置。定位到具体的图元后在属性列表内调整该梁图元的截面尺寸信息，调整完毕后在窗体内点击〈刷新〉，该条报告即可消失。

第四步：识别梁原位标注。将梁的识别问题调整完毕后，就可以开始原位标注的识别。在进

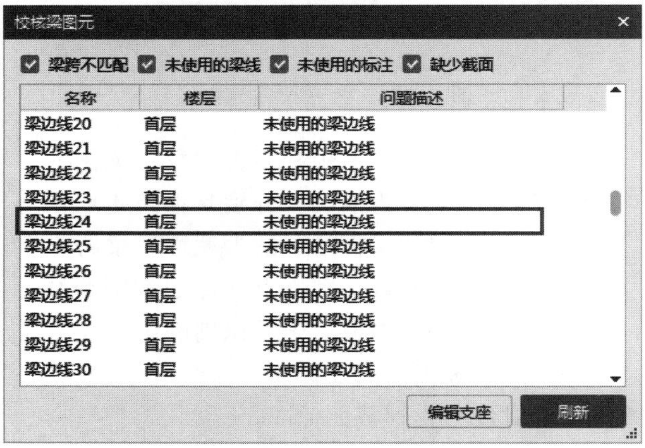

图 2-2-87　未使用的梁边线

行原位标注识别之前一定要确认梁的跨数没有错误，否则会导致原位标注识别错误。原位标注识别有 4 种方式：自动识别原位标注、框选识别原位标注、点选识别原位标注、单构件识别原位标注，如图 2-2-88 所示。

（1）自动识别原位标注

一次性将当前绘图区所有的梁图元的原位标注识别完毕。具体操作：导航树下"构件列

表"→"梁"→"梁"子构件→点击【识别梁】→〈自动识别原位标注〉，触发功能后即可对梁的原位标注进行识别。

（2）框选识别原位标注

对鼠标框选范围内的梁原位标注进行识别。具体操作：导航树下"构件列表"→"梁"→"梁"子构件→点击【识别梁】→〈框选识别原位标注〉，触发功能后鼠标左键在绘图区拉框选择需要识别原位标注的梁图元，选择完毕后右键确认即可开始识别。

（3）点选识别原位标注

一次只能识别一个原位标注。具体操作：导航树下"构件列表"→"梁"→"梁"子构件→点击【识别梁】→〈点选识别原位标注〉，触发功能后鼠标左键在绘图区先点选需要识别原位标注的梁图元，再点选需要识别的梁原位标注，选择完毕后右键确认。

图 2-2-88　识别原位标注

（4）单构件识别原位标注

一次将一根梁的所有原位标注识别完毕。具体操作：导航树下"构件列表"→"梁"→"梁"子构件→点击【识别梁】→〈单构件识别原位标注〉，触发功能后鼠标左键在绘图区先点选需要识别原位标注的梁图元，选择完毕后右键确认。

第五步：调整原位标注识别结果。导航树下构件类型选择"梁"→"梁"子构件→点击【校核原位标注】。识别完原位标注后可以自动弹出也可以通过触发【校核原位标注】弹出"校核原位标注"窗体，在窗体内可以显示当前绘图区有哪些原位标注没被识别，如图 2-2-89 所示。

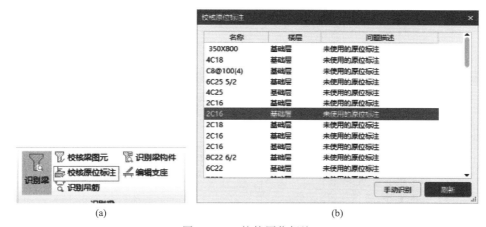

(a) (b)

图 2-2-89　校核原位标注

（1）手动识别或者点选识别

识别有问题时，可以采用手动识别或者点选识别原位标注的方式对原位标注进行修改或者补充。操作步骤：先触发点选识别或者手动识别，然后鼠标左键选择需要修改原位标注的梁图元，接着点选需要识别的梁原位标注，右键确认。如图 2-2-90 所示。

（2）手动填写原位标注

原位标注识别有问题且无法使用点选识别时，可以采用手动修改梁配筋信息的方式进行处理。操作步骤：触发点选识别或者手动识别，鼠标左键选择需要修改原位标注的梁图元。

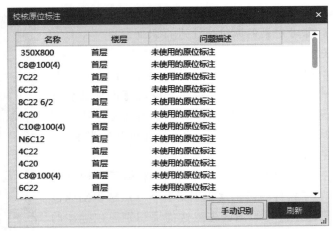

图 2-2-90　手动识别触发界面

此时软件下方会弹出梁平法表格，单击"跨号"单元格可反查该跨所对应的图元。接着在表格内修改该跨对应的钢筋信息，即可将原位标注修改完成。如图 2-2-91 所示。

图 2-2-91　手动填写原位标注界面

<table>
<tr><td colspan="20" align="center">注意事项</td></tr>
</table>

注意事项

（1）柱和剪力墙是梁的支座，在识别梁之前一定要确认柱和剪力墙的识别结果没有任何问题，否则会导致梁识别错误。

（2）梁跨一定要正确，否则会影响到原位标注识别的准确性。

（3）梁一定要识别完整，否则会影响到板识别的准确性。

（4）软件是根据梁边线图层上的平行线来判断梁的位置，根据标注上的文字与文字位置判断集中标注内容与原位标注内容，所以在识别时一定要保证提取图层的正确性。

2.2.4　板及板筋

2.2.4.1　图纸示例及说明

D2 栋四层模板及板配筋平面图如图 2-2-92 所示，其中，局部板配筋图如图 2-2-93 所示，支座负筋配筋图如图 2-2-94 所示，楼板开洞处板配筋图如图 2-2-95 所示。

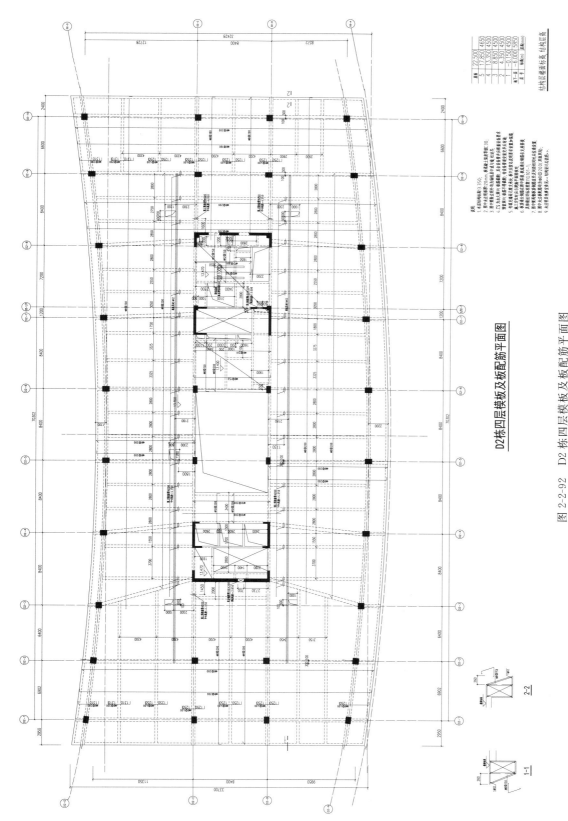

图 2-2-92　D2 栋四层模板及板配筋平面图

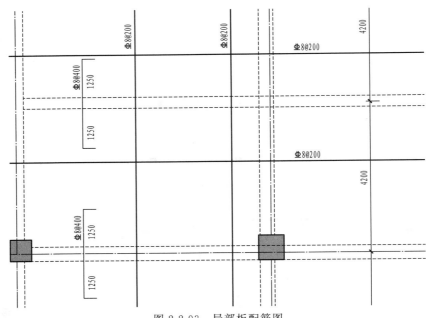

图 2-2-93　局部板配筋图

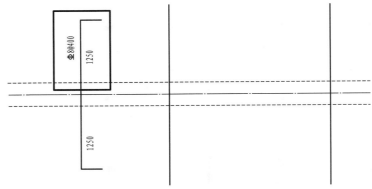

图 2-2-94　支座负筋配筋图

板的 CAD 图纸中，主要包含板的位置、厚度、标高以及板内钢筋这几个信息，此处以"D2 栋四层模板及板配筋平面图"为例讲解符号所代表的具体的信息。如图 2-2-93 所示，钢筋的信息：

（1）$\Phi 8@400$，表示该部分钢筋为Ⅲ级钢，直径 8mm，布置间距为 400mm；

（2）1250，表示该负筋的单边长度为 1250mm。

2.2.4.2　板及板筋的识别操作

板及板筋的识别操作分为五步，操作流程如图 2-2-96 所示。

第一步：提取板洞线及板标注如图 2-2-97 所示。导航树下"构件列表"→"板"→"现浇板"子构件→点击【识别板】→〈提取板标识〉。接下来使用鼠标左键点击 CAD 图纸上代表板标识的所有 CAD 文字，右键确认。

导航树下"构件列表"→"板"→"现浇板"子构件→点击【识别板】→〈提取板洞

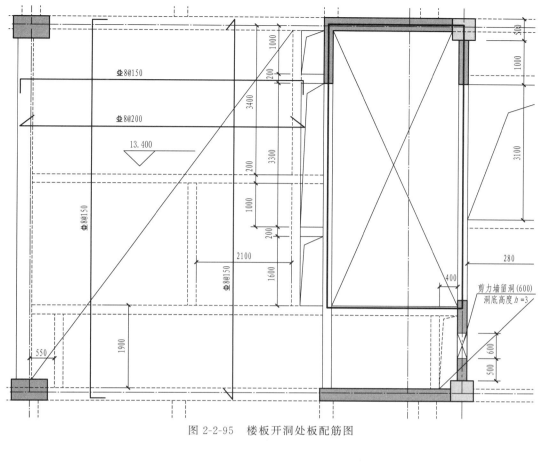

图 2-2-95　楼板开洞处板配筋图

图 2-2-96　板及板筋的识别流程

线〉。接下来使用鼠标左键点击 CAD 图纸上代表板洞的所有 CAD 线，右键确认。

　　第二步：识别板图元。一次性将当前绘图区所有的板图元识别完毕，并在板洞所在位置生成板洞图元。导航树下"构件列表"→"板"→"现浇板"子构件→点击【识别板】→〈自动识别板〉。

图 2-2-97　提取板标识触发界面

　　如图 2-2-98 所示，在弹出的"识别板选项"窗体内设置不同名称板的支座及板的厚度，设置完毕后点击确定，当前楼层内的板图元即识别完毕。

　　第三步：提取板筋线及板筋标注。导航树下"构件类型"→"板"→"板受力筋"子构件→点击【识别受力筋】→〈提取板筋线〉，如图 2-2-99 所示。接下来使用鼠标左键点击 CAD 图纸上代表板筋的所有 CAD 线，右键确认。

　　导航树下"构件类型"→"板"→"板受力筋"子构件→点击【识别受力筋】→〈提取板筋标注〉。接下来使用鼠标左键点击 CAD 图纸上代表板筋标注的所有 CAD 文字，右键确认。

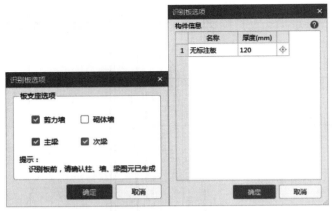

图 2-2-98　识别板选项

第四步：识别板筋图元。板筋的识别方式有三种，分别是自动识别板筋、点选识别受力筋、点选识别负筋。

（1）自动识别板筋

导航树下"构件类型"→"板"→"板受力筋"子构件→点击【识别受力筋】→〈自动识别板筋〉，如图 2-2-100 所示。

图 2-2-99　提取板筋线触发界面

图 2-2-100　自动识别板筋触发界面

弹出的"识别板筋选项"窗体内（图 2-2-101）对没有钢筋标注的受力筋及负筋进行钢筋设置，对没有长度标识的负筋进行默认长度设置，设置完毕后点击确定。

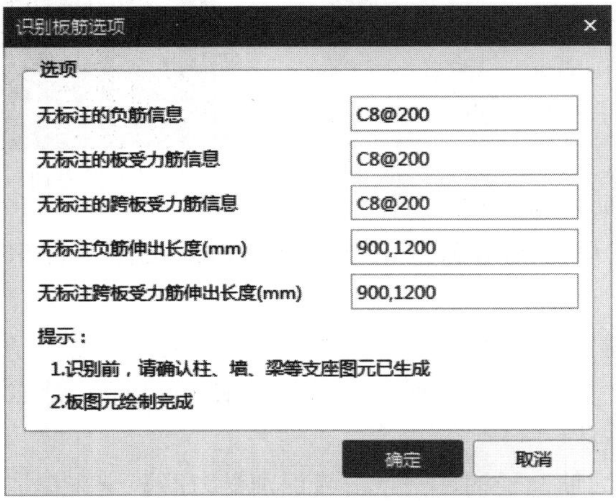

注意：在识别板筋之前一定要确认板及板的支座图元全部识别正确。

在弹出的"自动识别板筋"窗体内（图 2-2-102）进行板筋设置，双击钢筋信息列单元格，可以对钢筋信息进行修改，双击钢筋类别列可以对钢筋的类别进行修改，双击最后一列单元格可以对负筋的位置进行定位，以便确认当前的钢筋信息对应的钢筋线位置。

（2）点选识别受力筋

一次只识别一根受力筋，部分无法自

图 2-2-101　识别板筋选项窗体

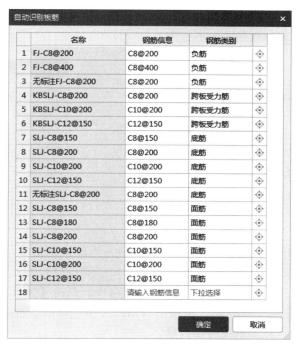

图 2-2-102　自动识别板筋窗体

动提取的受力筋可以采用点选识别方式进行处理。导航树下"构件类型"→"板"→"板受力筋"子构件→点击【识别受力筋】→〈点选识别受力筋〉。接下来使用鼠标左键点击 CAD 图纸上代表板筋的 CAD 线，如图 2-2-103 所示。

　　在弹出的"点选识别板受力筋"窗体内设置需要识别的板筋属性，设置完毕后右键确认或者点击窗体内的确定，接着在绘图区左键点击该板筋所依附的板图元即可，如图 2-2-104 所示。

图 2-2-103　点选识别受力筋界面

图 2-2-104　点选识别板受力筋窗体

（3）点选识别负筋

　　一次只识别一根负筋，部分无法自动提取的负筋可以采用点选识别方式进行处理。导航树下"构件类型"→"板"→"板负筋"子构件→点击【识别负筋】→〈点选识别负筋〉，如图 2-2-105 所示。

　　鼠标左键选择需要识别的负筋钢筋线，在弹出的窗体内（图 2-2-106）调整该钢筋线的信息，确认无误后点击确定或者鼠标右键确认。接着鼠标左键选择一个起点，然后再选择一个终点，两点之间的长度即负筋的布筋范围。

图 2-2-105 点选识别负筋界面

图 2-2-106 点选识别板负筋窗体

第五步：调整板受力筋与负筋识别结果。识别完毕所有钢筋之后，需要对钢筋进行校核，以保证识别的正确性。识别完钢筋后会自动弹出"校核板筋图元"窗体，也可以手动点击导航树下"构件类型"→"板"→"板负筋"子构件→点击【校核板筋图元】调出"校核板筋图元"窗体，如图 2-2-107 所示。板钢筋的错误类型一共有三种，分别是：布筋范围重叠、未标注钢筋信息、未标注板筋伸出长度。

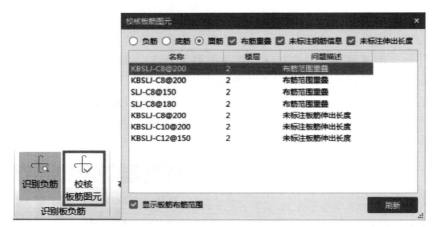

图 2-2-107 校核板筋图元

（1）布筋范围重叠

当某块板的某一面上，同一个方向上布置了多个受力筋时，会被校核出来。在实际业务中，一块板的某一面上，在同一个方向上一般只有一种受力筋，当存在多个时意味着可能存在错误。校核报告窗体内双击布筋范围重叠错误条目可以进行反查，此时绘图区重叠部分会蓝色显示，蓝色显示部分中，有斜线填充的部分就是钢筋重叠的部分，如图 2-2-108 所示。

（2）未标注钢筋信息

当某条钢筋线没有找到标注信息时，则会校核出此条报告，双击该报告即可反查到具体的钢筋线。

（3）未标注板筋伸出长度

当某条负筋或者跨板负筋没有明确标识长度时，则会校核出此条报告，双击该报告即可反查到具体的钢筋线。

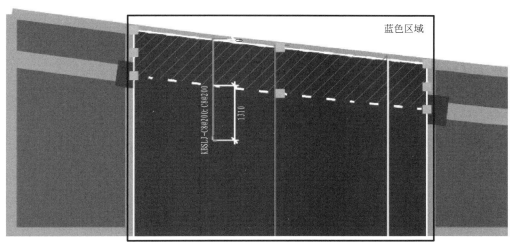

图 2-2-108　布筋范围重叠校核效果

2.2.5　楼梯

2.2.5.1　图纸示例及说明

楼梯图纸见结施：D2 栋 LT-2 详图中，－2.930 标高楼梯平面图如图 2-2-109 所示，楼梯 1-1 剖面图如图 2-2-110 所示。

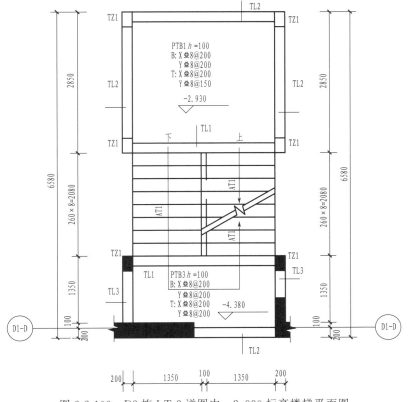

图 2-2-109　D2 栋 LT-2 详图中－2.930 标高楼梯平面图

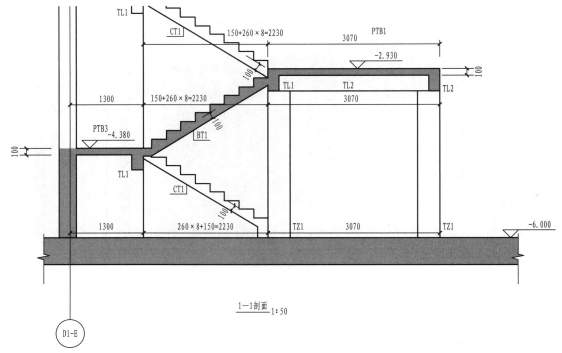

图 2-2-110　D2 栋 LT-2 中 ├─┤ 剖面图

楼梯图纸中，需要了解如下内容。

（1）楼梯的样式、上下的方向及位置。

（2）楼梯的相关参数，例如高度、配筋、踏步级数、踏步高度等。PTB2 集中标注表示的就是平台板 2 相对应的厚度、钢筋信息。TL2 表示的是梯梁 2 的尺寸以及相关的配筋信息。

（3）梯柱、梯梁的位置及相关参数。

2.2.5.2　建立楼梯图元操作

楼梯的图元建立操作分为两步，操作流程如图 2-2-111 所示。

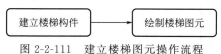

图 2-2-111　建立楼梯图元操作流程

第一步：建立楼梯构件。导航树下"构件列表"→"楼梯"→"楼梯"子构件→点击【新建】→〈新建参数化楼梯〉，如图 2-2-112 所示。此时会弹出"参数化楼梯选择"窗体，在窗体内选择"标准双跑1"，点击确定。

属性列表处点击"参数图"按钮（如图 2-2-113 所示），在弹窗内编辑楼梯的相关参数（如图 2-2-114 所示）。此处需要编辑的参数有：①踏步级数，13；②平台长度，1450；③楼梯宽度，2800；④平台板厚，100；⑤踏步宽度，260；⑥踏步高度，160.71；⑦TL 的宽度，200；⑧TL 的高度，400；⑨其余属性默认即可。参数编辑完毕后，点击确定。

属性列表内点开钢筋业务属性，单击"其他钢筋"属性单元格，再点击三点按钮（如图 2-2-115 所示），此时会弹出"编辑其他钢筋"窗体（图 2-2-116），在窗体内双击对应单元格进行属性编辑，可编辑的属性有如下几种：

（1）鼠标左键双击"筋号"列的单元格，输入钢筋的筋号，例如：a、b、c；

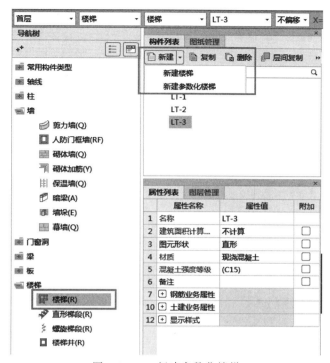

图 2-2-112　新建参数化楼梯

图 2-2-113　参数图功能触发界面

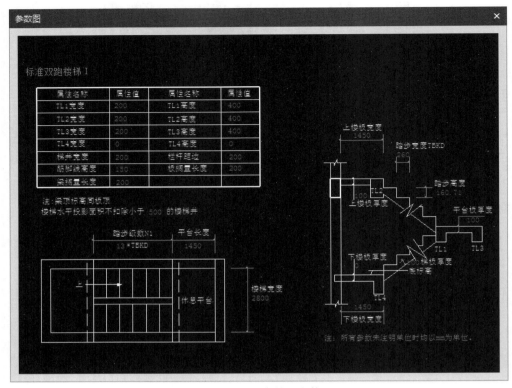

图 2-2-114　参数图窗体

图 2-2-115　其他钢筋触发界面

（2）鼠标左键双击"钢筋信息"列的单元格，输入钢筋的直径信息，例如：b10、b8；

（3）鼠标左键双击"图号"列的单元格，输入钢筋的图号信息，例如：1、2、30；

（4）鼠标左键双击"钢筋图形"列的单元格内的"L"，此时即可输入钢筋的长度信息，也支持输入计算式，例如：$2000+15d+15d$；

（5）鼠标左键双击"根数"列，输入钢筋的根数，只允许输入 $[1, 30000]$ 的整数；

（6）"长度"列的单元格显示该钢筋的长度，不支持编辑；

（7）窗体内点击插入来添加新的钢筋行，当楼梯所有需要计算的钢筋填写完毕之后，点击"确定"关闭窗体即可。

第二步：绘制楼梯图元。导航树下"构件类型"→"楼梯"→"楼梯"子构件→点击【点】（图 2-2-117），接着在图纸上对应的楼梯处点绘制一个楼梯图元即可，如图 2-2-118 所示。

图 2-2-116　编辑其他钢筋窗体

图 2-2-117　【点】功能按钮

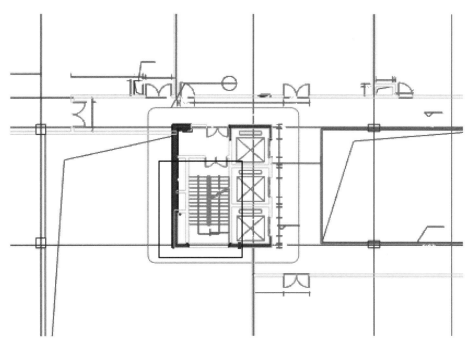

图 2-2-118　绘制楼梯图元

注意事项

（1）楼梯的所有钢筋都需要手动输入，没有输入则不会计算钢筋。

（2）楼梯的方向如果存在误差，可以使用"旋转"与"镜像"功能对楼梯图元进行相应的调整。

（3）楼梯的参数一定要设置准确，否则工程量会存在差错。

2.3 基础

2.3.1 筏板基础

（1）筏板基础图纸说明

D2 栋办公楼的基础型式是桩筏基础，首先绘制筏板基础。筏板基础的底标高为 −6.000m，筏板厚度 500mm，筏板混凝土强度等级 C35，筏板范围图纸中未明确，按最大范围绘制。

（2）筏板基础建模

筏板基础建模流程如图 2-3-1 所示。

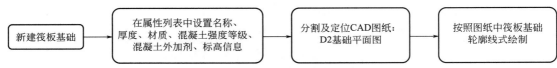

图 2-3-1 筏板基础建模流程

第一步：根据设计说明中的筏板属性新建筏板基础构件，如图 2-3-2 所示。

第二步：请根据当地清单要求，参照柱构件套做法的相关操作说明，完成筏板基础做法的套取。

第三步：分割并定位"D2 栋基础平面图"。

第四步：点击菜单栏中的建模，在工具栏中找到绘图，选择直线绘制，如图 2-3-3 所示。

第五步：按照图纸中的筏板基础轮廓直线绘制基础底板，绘制完成的筏板基础模型如图 2-3-4 所示。

2.3.2 筏板主筋

（1）筏板主筋图纸说明

筏板主筋为 Φ12@130 双层双向布置。

（2）筏板主筋建模操作

筏板主筋建模操作流程如图 2-3-5 所示。

第一步：点击菜单栏中的【建模】页签，在工具栏中点击【布置受力筋】，布置方式选择 "XY 方向"，如图 2-3-6 所示。

▲ 筏板基础

　　基础底板

	属性列表	图层管理
	属性名称	属性值
1	名称	基础底板
2	厚度(mm)	500
3	材质	现浇混凝土
4	混凝土强度等级	C35
5	混凝土外加剂	(无)
6	泵送类型	(混凝土泵)
7	顶标高(m)	-5.5
8	底标高(m)	-6

图 2-3-2 基础底板属性设置

图 2-3-3　布置筏板基础功能按钮

图 2-3-4　筏板基础模型

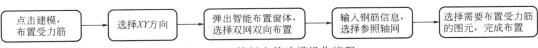

图 2-3-5　筏板主筋建模操作流程

图 2-3-6　布置受力筋功能按钮

第二步：弹出"智能布置"窗体，选择"双网双向布置"，输入钢筋信息，点选"选择参照轴网"，如图 2-3-7 所示。

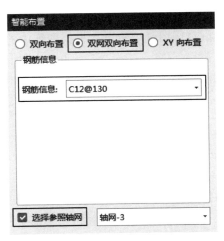

图 2-3-7　受力筋 XY 方向智能布置设置

第三步：点击需要布置受力筋的筏板图元，完成布置，布置效果如图 2-3-8 所示。

图 2-3-8　筏板主筋布置效果

　　如果图纸中标注了筏板受力筋的规格和位置，可以采用 CAD 识别筏板主筋的方式建模。

　　CAD 识别筏板主筋的操作步骤如图 2-3-9 所示。

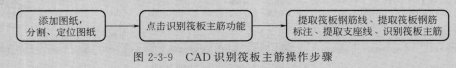

图 2-3-9　CAD 识别筏板主筋操作步骤

2.3.3　筏板负筋

（1）筏板负筋图纸说明

筏板负筋的位置与规格在 CAD 图纸中给出，根据图纸中的信息新建筏板附加负筋。

（2）筏板负筋建模操作

筏板负筋建模操作流程如图 2-3-10 所示。

图 2-3-10　筏板负筋建模操作流程

第一步：导入"D2 栋基础平面图"。

第二步：新建筏板负筋构件，Φ14@150、Φ12@150、Φ18@150 等附加负筋，如图 2-3-11 所示。

第三步：画线布置筏板负筋（图纸中未给出左右标注，需要手动测量）。

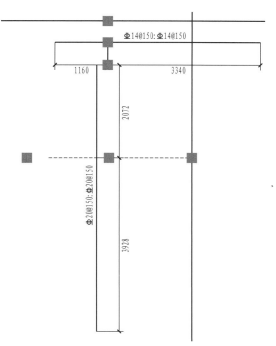

图 2-3-11　筏板基础局部附加负筋布置

　　如果图纸中标注了筏板负筋的规格和位置，可以采用 CAD 识别筏板负筋的方式建模。

　　CAD 识别筏板负筋的操作步骤如图 2-3-12 所示。

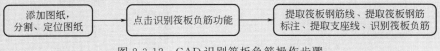

图 2-3-12　CAD 识别筏板负筋操作步骤

2.3.4　基础梁

（1）基础梁图纸示例及说明

基础梁的混凝土强度等级为 C35，未注明的基础梁均为轴线或承台居中布置。

基础梁详图如图 2-3-13 所示。

（2）基础梁建模操作

基础梁建模操作流程如图 2-3-14 所示。

第一步：如图 2-3-15 所示，新建基础梁构件，选择新建矩形基础梁，新建基础主梁与基础次梁，默认新建基础主梁。

第二步：根据基础梁详图设置基础主梁属性，如图 2-3-16 所示。

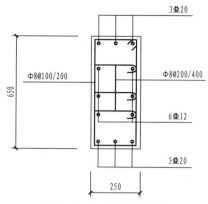

图 2-3-13　基础梁详图

图 2-3-14　基础梁建模操作流程

▲ 基础梁
　▲ 基础主梁
　　JLL

	属性名称	属性值	附加
1	名称	JLL	
2	类别	基础主梁	☐
3	截面宽度(mm)	250	☐
4	截面高度(mm)	650	☐
5	轴线距梁左边线距…	(125)	☐
6	跨数量		☐
7	箍筋	Φ8@100/200(2)	☐
8	胶数	2	
9	下部通长筋	3Φ20	☐
10	上部通长筋	3Φ20	☐
11	侧面构造或受扭筋…	G6Φ12	☐
12	拉筋	(Φ8)	☐
13	材质	现浇混凝土	☐
14	混凝土强度等级	C35	☐
15	混凝土外加剂	(无)	☐
16	泵送类型	(混凝土泵)	
17	截面周长(m)	1.8	☐
18	截面面积(m²)	0.163	☐
19	起点顶标高(m)	层底标高加梁高	☐
20	终点顶标高(m)	层底标高加梁高	☐
21	备注		☐
22	⊞ 钢筋业务属性		
33	⊞ 土建业务属性		
36	⊞ 显示样式		

🗋 新建 ▾　🗋 复制　🗋 删除　🗋 层间复制　»
　　　新建矩形基础梁
　　　新建异形基础梁
　　　新建参数化基础梁

🗋 新建 ▾　🗋 复制　🗋 删除　🗋 层间复制　»
搜索构件…　　　　　　　　　　　　Q
▲ 基础梁
　▲ 基础主梁
　　JLL

图 2-3-15　新建基础梁

图 2-3-16　基础主梁属性设置

第三步：根据当地清单要求，参照柱构件套做法的相关操作说明，完成基础梁做法的套取。

第四步：设置附加箍筋，附加箍筋在次梁每侧布置三道，起始箍筋距支座边距离为50mm，修改基础主梁的钢筋业务属性中的计算参数设置，如图 2-3-17 所示。

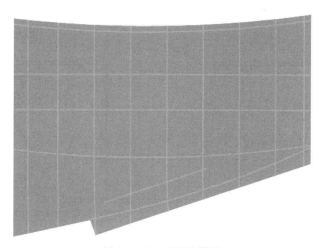

	类型名称	设置值
13	外伸端下部非通长筋伸入跨内的长度	max(ln',ln/3)
14	侧面钢筋/吊筋	
15	侧面通长筋遇支座做法	遇支座连续通过
16	侧面原位标注筋做法	遇支座断开
17	侧面构造筋的锚固长度	15*d
18	侧面构造筋的搭接长度	15*d
19	附加(反扣)吊筋弯折角度	按规范计算
20	附加(反扣)吊筋锚固长度	20*d
21	加腋梁侧面构造筋锚固起始位置	侧腋端部
22	箍筋/拉筋	
23	次梁两侧共增加箍筋数量	6
24	箍筋加密长度	按规范计算
25	起始箍筋距支座边距离	50
26	加腋梁箍筋加密起始位置	加腋端部
27	箍筋弯勾角度	135°
28	基础次梁箍筋、拉筋加密区根数计算方式	向上取整+1
29	基础次梁箍筋、拉筋非加密区根数计算方式	向上取整-1

图 2-3-17　基础主梁设置附加箍筋计算参数设置

第五步：根据图纸中基础梁位置，线式绘制基础梁，绘制后模型如图 2-3-18 所示。

图 2-3-18　基础梁模型

操作技巧

　　如果图纸比较规范，图中给出了基础梁的详细规格和位置说明，可以采用 CAD 识别的方式建模。CAD 识别基础梁的操作流程如图 2-3-19 所示。

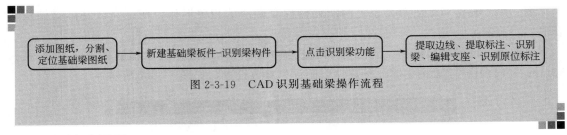

图 2-3-19　CAD 识别基础梁操作流程

2.3.5　基础板带

如果工程中筏板基础不直接布置受力筋，而是采用板带的形式布置，就需要根据工程图纸中板带的规格与位置进行布置。基础板带建模流程如图 2-3-20 所示。

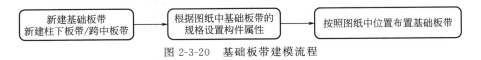

图 2-3-20　基础板带建模流程

2.3.6　集水井

（1）集水井图纸说明

D2 栋办公楼的地下一层有 4 个集水井（1100mm×1100mm），底标高为 −6.900m；1 个集水井（1300mm×1700mm），底标高为 −9.100m；2 个集水井（1500mm×1900mm），底标高为 −7.300m。根据基础平面图中的位置和集水井详图建立模型。

集水井详图如图 2-3-21 所示，集水井的板配筋为板面钢筋 Φ20@100，板底钢筋 Φ20@200，混凝土强度等级为 C30。

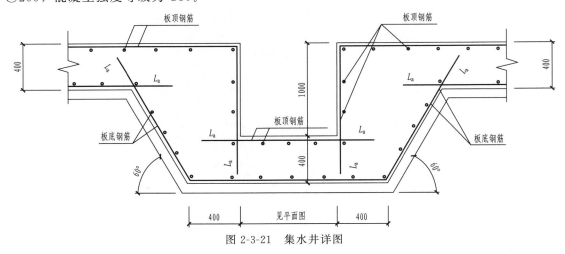

图 2-3-21　集水井详图

（2）集水井建模操作

集水井建模流程如图 2-3-22 所示。

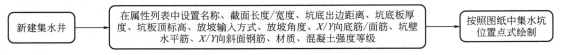

图 2-3-22　集水井建模流程

第一步：新建集水井构件。

第二步：根据集水井详图设置属性值，如图 2-3-23 所示。

第三步：根据当地清单要求，参照柱构件套做法的相关操作说明，完成集水井做法的套取。

第四步：根据图纸中集水井的位置点式绘制，绘制后模型如图 2-3-24 所示。

（3）沉砂隔油池及电梯基坑

基础中有 4 个沉砂隔油池（1500mm×2500mm），底标高为－7.300m；电梯基坑（2800mm×3100mm），底标高为－7.600m；电梯基坑（2600mm×8200mm），底标高为－7.800m。沉砂隔油池与电梯基坑的建模方法与集水井相同，参照以上集水井建模流程，根据基础平面图中的位置和构件详图建模。

2.3.7　垫层

（1）垫层图纸说明

基底采用 100mm 厚 C15 素混凝土垫层，各向伸出基础边缘 100mm。

▲ 集水坑	
集水井（1100*1100）	
集水井（1300*1700）	
集水井（1500*1900）	

属性列表	图层管理	
	属性名称	属性值
1	名称	集水井（1100*1100）
2	截面长度(mm)	1100
3	截面宽度(mm)	1100
4	坑底出边距离(…	400
5	坑底板厚度(mm)	400
6	坑板顶标高(m)	-6.5
7	放坡输入方式	放坡角度
8	放坡角度	60
9	X向底筋	Φ20@200
10	X向面筋	Φ20@100
11	Y向底筋	Φ20@200
12	Y向面筋	Φ20@100
13	坑壁水平筋	Φ20@200
14	X向斜面钢筋	Φ20@200
15	Y向斜面钢筋	Φ20@200
16	材质	现浇混凝土
17	混凝土强度等级	C30
18	混凝土外加剂	(无)
19	泵送类型	(混凝土泵)

图 2-3-23　集水井属性设置

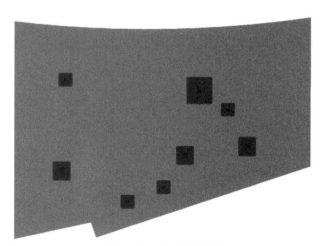

图 2-3-24　集水井模型

（2）垫层建模操作

垫层建模操作流程如图 2-3-25 所示。

新建垫层构件 → 根据设计说明设置垫层构件属性 → 使用智能布置功能，选择筏板 → 选择要布置垫层的筏板构件，设置出边距离，完成布置

图 2-3-25　垫层建模操作流程

第一步：新建面式垫层构件，设置属性值，如图 2-3-26 所示。

第二步：根据当地清单要求，参照柱构件套做法的相关操作说明，完成垫层做法套取。

第三步：智能布置垫层，选择筏板，如图 2-3-27 所示。

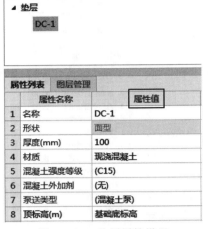

图 2-3-26　垫层属性设置　　　　图 2-3-27　智能布置功能按钮

图 2-3-28　设置出边距离

第四步：选择筏板基础图元，点击鼠标右键，弹出"设置出边距离"的窗体，如图 2-3-28 所示。

第五步：点击确定，生成垫层，垫层模型如图 2-3-29 所示。

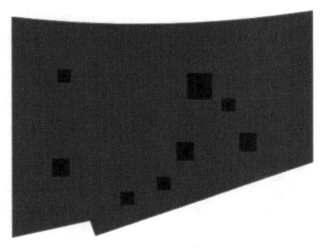

图 2-3-29　垫层模型

2.3.8　桩承台

（1）桩承台图纸说明

D2 栋办公楼的基础型式是桩筏基础，其平面图如图 2-3-30 所示，尺寸和厚度在平面图中读取，桩承台混凝土强度等级为 C35，桩承台按照图纸位置和尺寸边线进行识别绘制。

（2）桩承台识别操作流程

桩承台识别操作流程如图 2-3-31 所示。

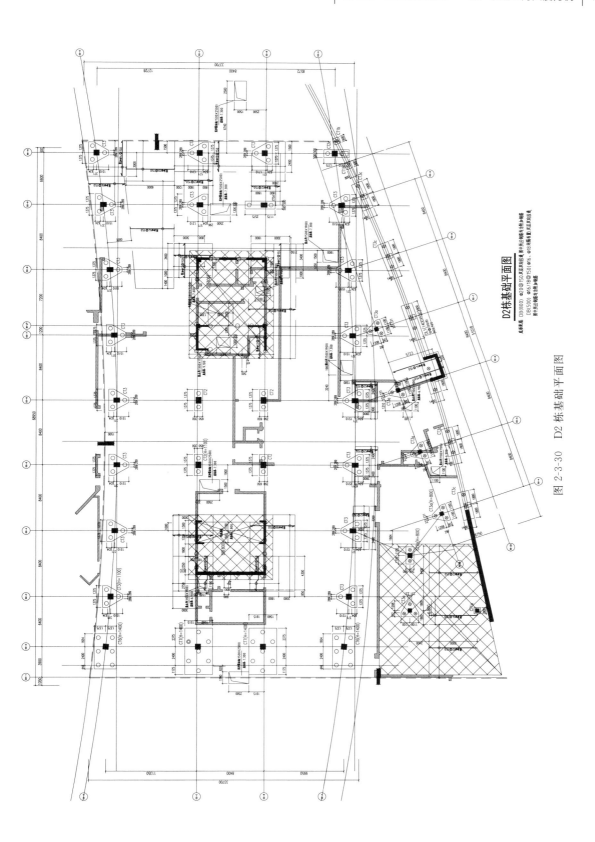

图 2-3-30　D2 栋基础平面图

第一步：在图纸管理界面→点击"添加图纸"，将桩承台部分的图纸（如图 2-3-30 所示）添加到软件中。

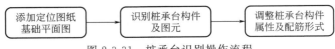

图 2-3-31　桩承台识别操作流程

第二步：导航树下"构件类型"→"桩承台"→点击【建模】页签→点击【识别桩承台】→点击【提取承台边线】→右键确认，承台边线提取完成（如图 2-3-32 所示）。

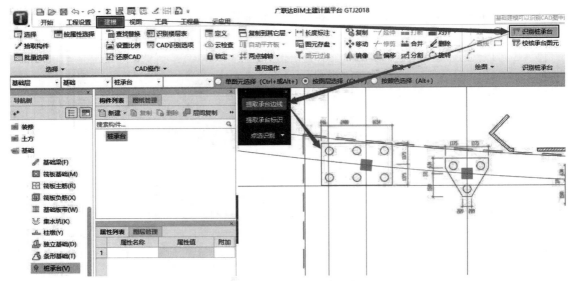

图 2-3-32　提取桩承台边线

第三步：点击【提取承台标识】→右键确认，承台标识提取完成（如图 2-3-33 所示）。

第四步：完成提取承台标识后，点击"自动识别"（如图 2-3-34 所示），软件根据提取的桩承台边线和标识，自动识别出桩承台模型。识别承台需要区分识别范围时，可使用框选识别；需要单独识别桩承台时，可使用点选识别。

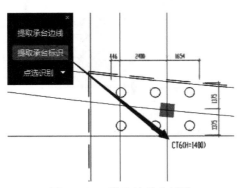

图 2-3-33　提取桩承台标识

图 2-3-34　自动识别桩承台

第五步：识别完模型后，需要根据桩承台的大样详图（如图 2-3-35、图 2-3-36、图 2-3-37

所示），进行高度及钢筋信息的调整。

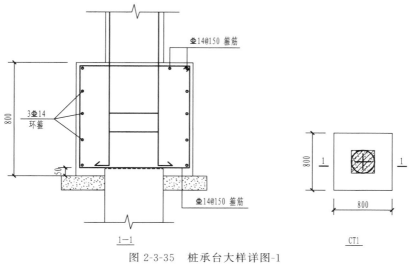

图 2-3-35　桩承台大样详图-1

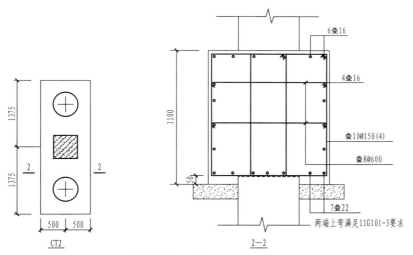

图 2-3-36　桩承台大样详图-2

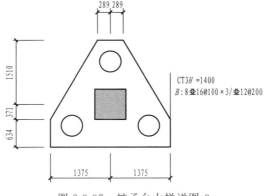

图 2-3-37　桩承台大样详图-3

在"构件列表"中选中 CT2 构件（如图 2-3-38 所示）下的 CT2-1 单元，点击截面形状-矩形承台后的三点 [···] 按钮（如图 2-3-39 所示），弹出桩承台"选择参数化图形"界面（如图 2-3-40 所示）。

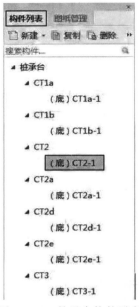

图 2-3-38　桩承台构件列表

	属性名称	属性值	附加
1	名称	CT2-1	
2	截面形状	矩形承台　[···]	☐
3	长度(mm)	1000	
4	宽度(mm)	2750	
5	高度(mm)	1100	
6	相对底标高(m)	(0)	
7	材质	预拌混凝土	☐
8	混凝土类型	(预拌砼)	☐
9	混凝土强度等级	(C20)	☐
10	混凝土外加剂	(无)	☐
11	泵送类型	(混凝土泵)	☐
12	截面面积(m²)	2.75	☐
13	备注		☐
14	⊞ 钢筋业务属性		
20	⊞ 土建业务属性		
23	⊞ 显示样式		

图 2-3-39　桩承台构件属性

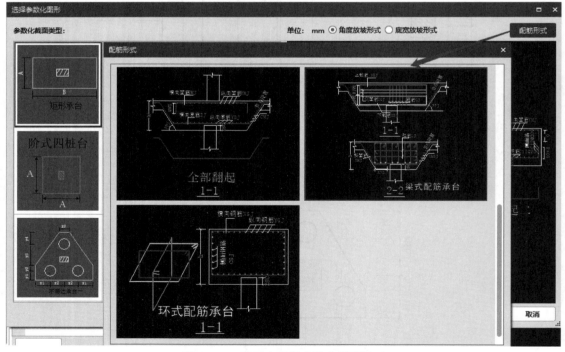

图 2-3-40　桩承台选择参数化图形界面

根据承台大样详图中钢筋的形式，点击界面右上角的配筋形式按钮，弹出"配筋形式"窗口，选择"梁式配筋承台"；选择完成后，在参数图中填入放坡角度、上部筋、下部筋、侧面筋、箍筋、拉筋等钢筋信息（如图 2-3-41 所示）。

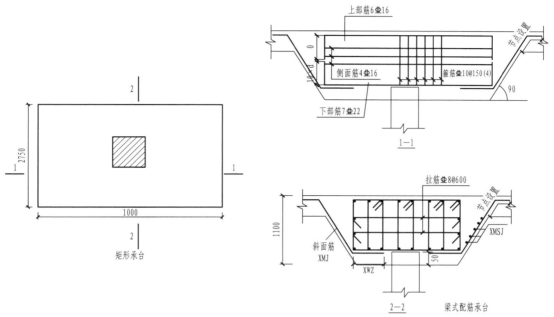

图 2-3-41　桩承台配筋信息

（3）桩承台模型显示

绘制完成后的桩承台俯视模型如图 2-3-42 所示，三维立体模型如图 2-3-43 所示。

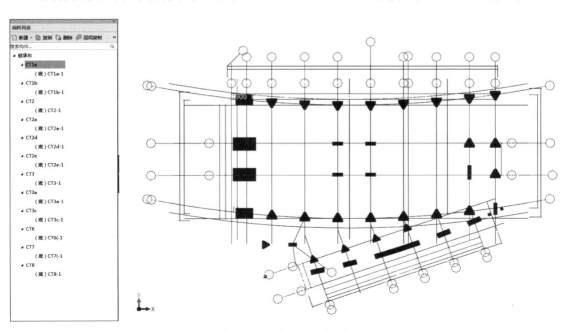

图 2-3-42　桩承台俯视模型

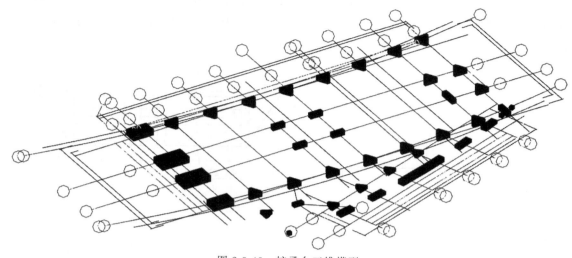

图 2-3-43 桩承台三维模型

绘制技巧

① 快捷键：显示/隐藏图元，V；显示/隐藏图元名称和 ID，Shift＋V。

② 快速布置方式：可通过智能布置按照已绘制的基坑土方、柱及轴网线进行桩承台图元的快速布置（如图 2-3-44 所示）。

③ 快速修改：已绘制的桩承台图元，软件提供了复制、对齐、移动、合并、删除、镜像、偏移、分割、旋转、拉伸、设置夹点等多种修改功能（如图 2-3-45 所示），可用于对图元进行位置和模型的调整。

图 2-3-44 桩承台智能布置

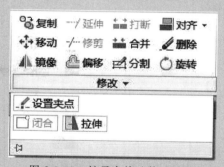

图 2-3-45 桩承台快速修改功能

2.3.9 条形基础

（1）条形基础图纸说明

条形基础的尺寸信息在大样详图和基础平面图中读取，条形基础混凝土强度等级为 C35，按照图纸位置进行绘制。

说明：本工程的图中不包含条形基础部分，以其他工程为例，条形基础可按照以下操作流程建立。

（2）条形基础建模操作

条形基础建模操作流程如图 2-3-46 所示。

图 2-3-46　条形基础建模操作流程

第一步：在图纸管理界面→点击【添加图纸】，将条形基础部分的图纸添加到软件中。

第二步：导航树下"构件类型"→"条形基础"→点击【建模】页签→点击【新建条形基础】→点击【新建条形基础单元】。

第三步：在弹出的"选择参数化图形"界面（如图 2-3-47 所示），选择对应的参数化截面类型，并根据大样图（如图 2-3-48 所示）修改尺寸信息。

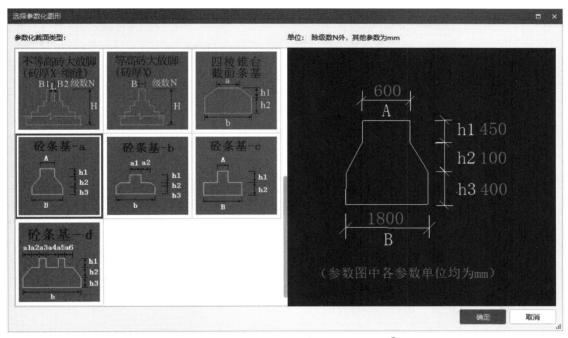

图 2-3-47　条型基础选择参数化图形界面 ❶

第四步：条形基础平面图中，标注了条形基础的名称及配筋信息（如图 2-3-49 所示），在构件列表中选 JL3-1 构件下的 JL3-1 单元（如图 2-3-50 所示），弹出属性列表窗体，根据配筋信息填入条形基础的属性列表中（如图 2-3-51 所示）。

第五步：调整完属性信息，使用【建模】页签的【绘图】→【直线】功能，绘制条形基础图元（如图 2-3-52 所示）。

（3）条形基础模型显示

绘制完成后的条形基础俯视模型如图 2-3-53 所示，三维立体模型如图 2-3-54 所示。

---

❶　砼，混凝土。本书软件界面中用该字不作修改。

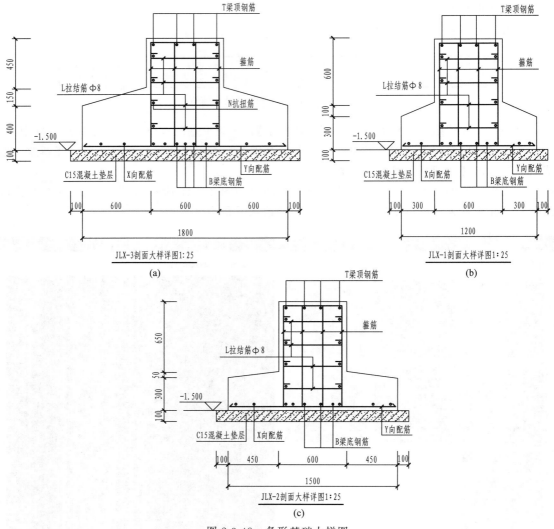

图 2-3-48　条形基础大样图

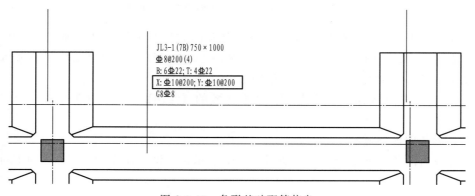

图 2-3-49　条形基础配筋信息

构件列表 图纸管理	
新建 · 复制 删除 层间复制	
搜索构件...	

▲ 条形基础
　▲ JL1-1
　　　（底）JL1-1
　▲ JL2-3
　　　（底）JL2-3
　▲ JL3-1
　　　（底）JL3-1
　▲ JL4-1
　　　（底）JL4-1
　▲ JL5-2
　　　（底）JL5-2
　▲ JL6-3
　　　（底）JL6-3
　▲ JL7-3
　　　（底）JL7-3
　▲ JL8-3
　　　（底）JL8-3
　▲ JL9-3
　　　（底）JL9-3
　▲ JL10-2
　　　（底）JL10-2
　▲ JL11-1
　　　（底）JL11-1

属性列表

	属性名称	属性值	附加
1	名称	JL3-1	
2	截面形状	砼条基-a	☐
3	截面宽度(mm)	1200	☐
4	截面高度(mm)	1000	☐
5	相对偏心距(mm)	0	☐
6	相对底标高(m)	(0)	☐
7	受力筋	Φ10@200	☐
8	分布筋	Φ10@200	☐
9	材质	钢筋混凝土	☐
10	混凝土类型	(普通混凝土)	☐
11	混凝土强度等级	(C30)	☐
12	混凝土外加剂	(无)	☐
13	泵送类型	(混凝土泵)	☐
14	截面面积(m²)	0.81	☐
15	备注		☐
16	⊞ 钢筋业务属性		
21	⊞ 土建业务属性		
26	⊞ 显示样式		

图 2-3-50　条形基础构件列表　　　　　　　　图 2-3-51　条形基础属性列表

图 2-3-52　条形基础绘图功能

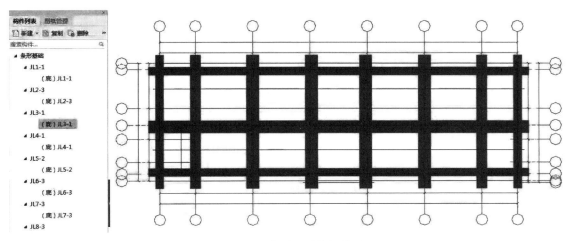

图 2-3-53　条形基础俯视模型

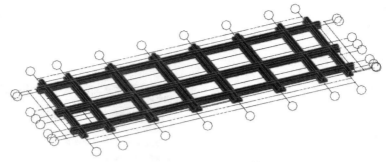

图 2-3-54 条形基础三维立体模型

绘制技巧

① 快捷键：显示/隐藏图元，T；显示/隐藏图元名称和 ID，Shift+T。

② 快速布置方式：可通过智能布置按照已绘制墙、条形基础的中心线或轴线及轴网线进行条形基础图元的快速布置（图 2-3-55）。

③ 快速修改：已绘制的条形基础图元，软件提供了复制、延伸、打断、对齐、移动、修剪、合并、删除、镜像、偏移、旋转、闭合、拉伸等多种修改功能，可用于对图元进行位置和模型的调整（图 2-3-56）。

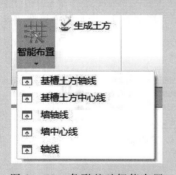

图 2-3-55 条形基础智能布置

图 2-3-56 条形基础快速修改功能

2.3.10 独立基础

（1）独立基础图纸说明

独立基础的尺寸和厚度在独基表中读取，独立基础混凝土强度等级为 C35，按照图纸位置和尺寸边线进行识别绘制。

说明：本工程的图中不包含独立基础部分，以其他工程为例，独立基础可按照以下操作流程建立。

（2）独立基础建模操作

独立基础建模操作流程如图 2-3-57 所示。

第一步：在图纸管理界面→点击【添加图纸】，将独立基础部分的图纸添加到软件中。

图 2-3-57　独立基础建模操作流程

第二步：导航树下"构件类型"→独立基础→点击【建模】页签→点击【识别独基表】→拉框选择独基表→右键确认→弹出"识别独基表"界面（如图 2-3-58 所示）。

图 2-3-58　识别独基表

第三步：识别独基表中，选择好对应的尺寸及配筋的列标识名称，点击"识别"，完成识别独基表。

第四步：如图 2-3-59 所示，点击【识别独立基础】→点击【提取独基边线】→鼠标左键选取边线→右键确认，独立基础边线提取完成。

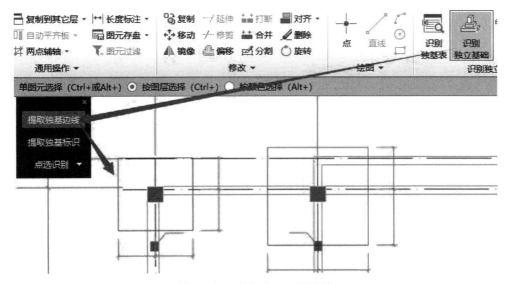

图 2-3-59　提取独立基础边线

第五步：如图 2-3-60 所示，点击【提取独基标识】→鼠标左键选取标识→右键确认，独基标识提取完成。

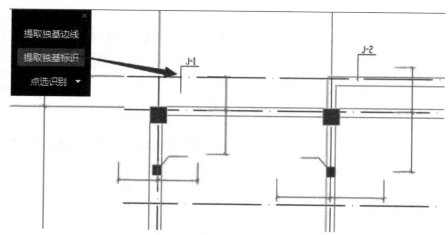

图 2-3-60　提取独立基础标识

图 2-3-61　自动识别独立基础

第六步：如图 2-3-61 所示，点击【自动识别】。软件根据识别的独基表以及提取的独立基础边线和标识，自动识别出独立基础模型。

第七步：识别完成后的独立基础模型如图 2-3-62 所示。

第八步：识别完成后，需要根据大样图和独基表（如图 2-3-63 所示），进行属性和钢筋信息的校核。

在"构件列表"中选中 J-1 单元构件（如图 2-3-64 所示）下的（底）J-1-1 单元，点击截面形状-四棱锥台形独立基础后的三点 ··· 按钮（如图 2-3-65 所示），弹出独立基础"选择参数化图形"界面（如图 2-3-66 所示），在参数化图形界面，修改对应的尺寸信息，钢筋信息在属性列表中修改。

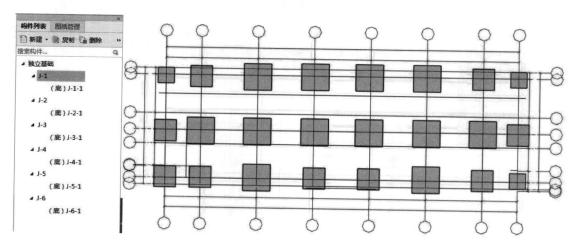

图 2-3-62　独立基础模型

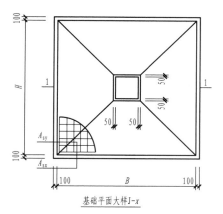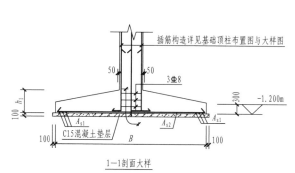

(a) 大样图

基础编号	$B \times H$	h_1	A_{sy}	A_{sx}	备注
J-1	2300 × 2300	300	Φ12@200	Φ12@200	737
J-2	3100 × 3100	450	Φ14@200	Φ14@200	1592
J-3	3900 × 3900	600	Φ14@150	Φ14@150	2955
J-4	3900 × 3900	600	Φ14@150	Φ14@150	2429
J-5	3900 × 3900	600	Φ12@150	Φ12@150	1984
J-6	3100 × 3100	450	Φ12@150	Φ12@200	1061

(b) 独基表

图 2-3-63　独立基础大样图和独基表

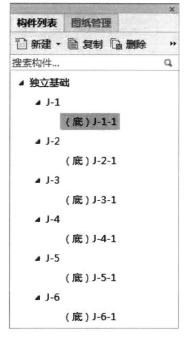

图 2-3-64　独立基础构件列表

图 2-3-65　独立基础属性列表

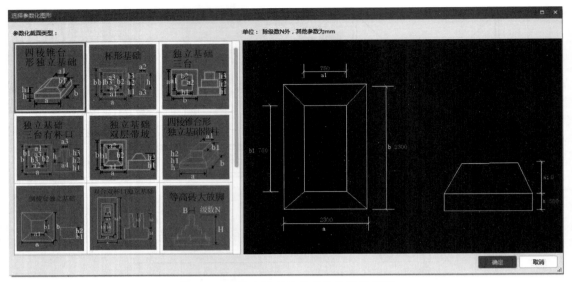

图 2-3-66　独立基础选择参数化图形界面

（3）独立基础模型显示

调整属性后的独立基础俯视模型如图 2-3-67 所示，三维立体模型如图 2-3-68 所示。

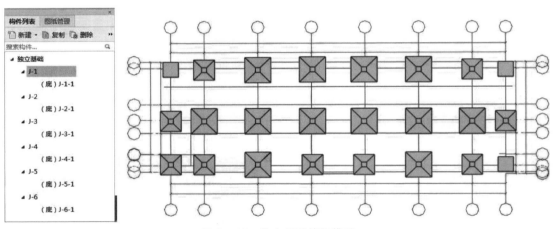

图 2-3-67　独立基础俯视模型

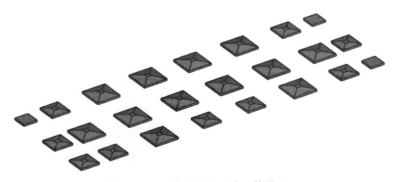

图 2-3-68　独立基础三维立体模型

绘制技巧

① 快捷键：显示/隐藏图元，D；显示/隐藏图元名称和 ID，Shift＋D。

② 快速布置方式：可通过智能布置按照已绘制基坑土方、柱及轴网线进行独立图元的快速布置（如图 2-3-69 所示）。

③ 快速修改：已绘制的独立基础图元，软件提供了复制、对齐、移动、合并、删除、镜像、偏移、分割、旋转、拉伸、设置夹点等多种修改功能，可用于对图元进行位置和模型的调整（如图 2-3-70 所示）。

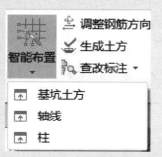

图 2-3-69　独立基础智能布置

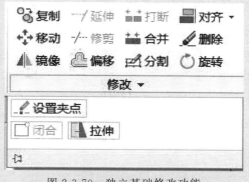

图 2-3-70　独立基础修改功能

2.3.11　柱墩

（1）柱墩图纸说明

柱墩的尺寸信息在大样图和基础平面图中读取，柱墩混凝土强度等级为 C35，按照柱墩大样图（图 2-3-71）位置进行绘制，柱墩厚度为 1200mm。

说明：本工程的图中不包含柱墩部分，以其他工程为例，柱墩可按照以下操作流程建立。

（2）柱墩建模操作

柱墩建模操作流程如图 2-3-72 所示。

第一步：在图纸管理界面→点击【添加图纸】，将柱墩部分的图纸添加到软件中。

第二步：导航树下"构件类型"→"柱墩"→点击【建模】页签→点击【新建柱墩】。在弹出的"选择参数化图形"界面（如图 2-3-73 所示），选择对应的柱墩参数化截面类型→"棱台形下柱墩"，并根据大样图（如图 2-3-71 所示）修改尺寸信息。

第三步：柱墩平面图中，标注了柱墩尺寸和配筋信息（如图 2-3-74 所示），根据此信息将尺寸和配筋信息填入柱墩的参数化图形中。构件列表（图 2-3-75）和属性列表（图 2-3-76）显示建立好的柱墩构件和属性信息。

第四步：调整完属性信息，使用【建模】页签→【绘图】工具栏→【点】功能（如图 2-3-77 所示），绘制柱墩图元。

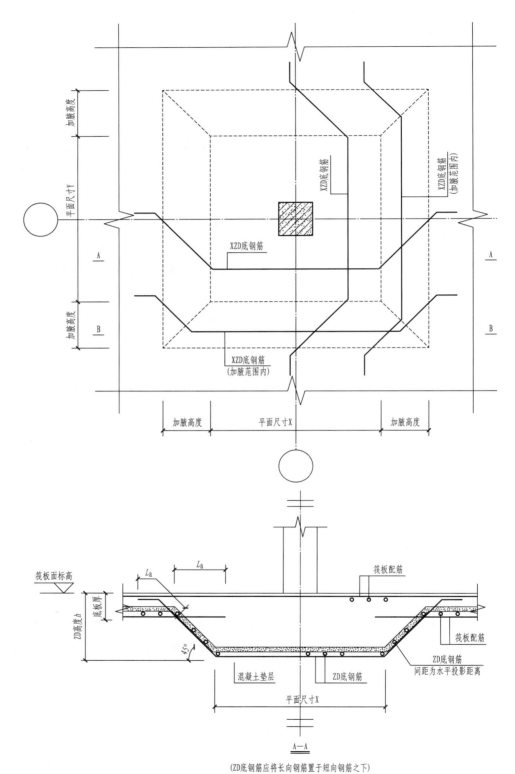

(a) 筏板下柱墩ZD通用图(一)(用于四边设加腋)

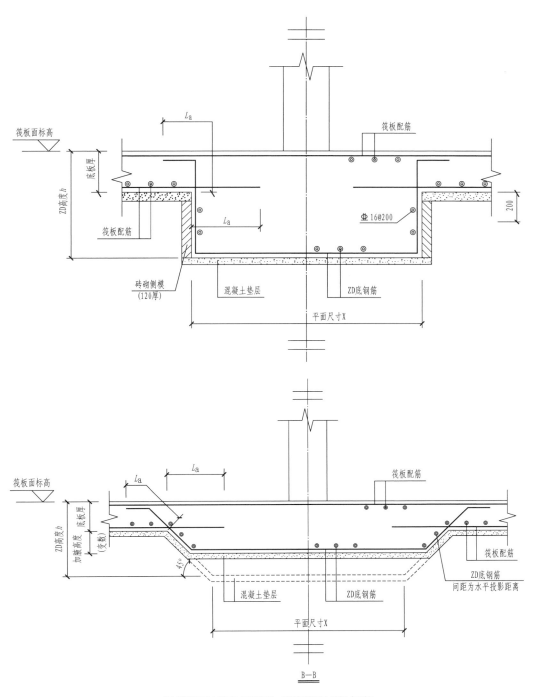

(b) 筏板下柱墩ZD通用图(二)(用于四边不设加腋)

图 2-3-71　柱墩大样图

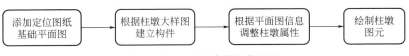

图 2-3-72　柱墩建模操作流程

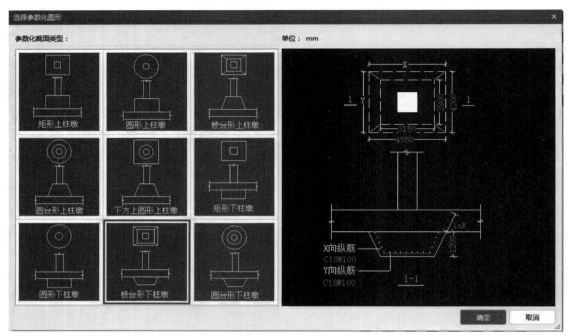

图 2-3-73　柱墩选择参数化图形界面

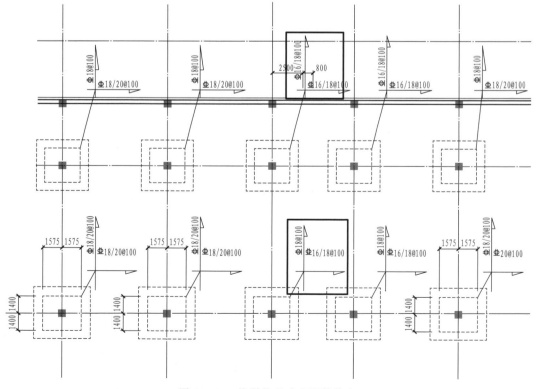

图 2-3-74　柱墩的尺寸和配筋信息

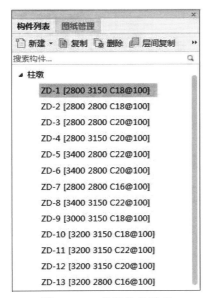

图 2-3-75　柱墩构件列表

图 2-3-76　柱墩属性列表

图 2-3-77　柱墩绘图功能

（3）柱墩模型显示

绘制完成后的柱墩俯视模型如图 2-3-78 所示，三维立体模型如图 2-3-79 所示。

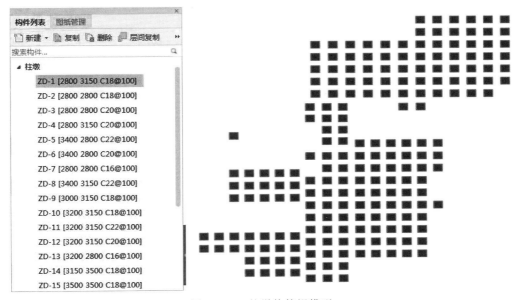

图 2-3-78　柱墩构俯视模型

图 2-3-79　柱墩三维立体模型

📚 **绘制技巧**

① 快捷键：显示/隐藏图元，Y；显示/隐藏图元名称和 ID，Shift＋Y。

② 快速布置方式：可通过智能布置按照已绘制的柱及轴网线进行柱墩图元的快速布置（如图 2-3-80 所示）。

③ 快速修改：已绘制的柱墩图元，软件提供了复制、对齐、移动、删除、镜像、旋转等多种修改功能（如图 2-3-81 所示），可用于对图元进行位置和模型的调整。

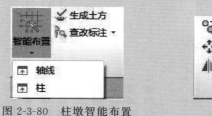

图 2-3-80　柱墩智能布置

图 2-3-81　柱墩修改功能

2.4　土方

2.4.1　大开挖土方

（1）大开挖土方建模操作

大开挖土方建模操作流程如图 2-4-1 所示。

第一步：根据已绘制的基础构件或垫层的位置进行大开挖土方图元生成，D2 基础平面图见图 2-3-30。

第二步：导航树下"构件类型"→"垫层"→点击【建模】页签→【生成土方】（如图 2-4-2 所示）。

图 2-4-1　大开挖土方建模操作流程

第三步：弹出"生成土方"功能界面，土方类型选择"大开挖土方"，起始放坡位置选择"垫层底"，生成方式选择"手动生成"，生成范围选择"大开挖土方"，工作面宽和放坡系数根据工程中土方信息输入，如图 2-4-3 所示。

第四步：点击确定后，选择需要生成大开挖土方的垫层图元，完成后鼠标右键确认，大开挖土方图元生成完毕。

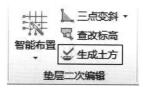

图 2-4-2　生成土方功能

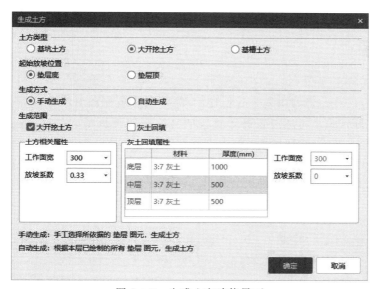

图 2-4-3　生成土方功能界面

（2）大开挖土方模型显示

绘制完成后的大开挖俯视模型如图 2-4-4 所示，三维立体模型如图 2-4-5 所示。

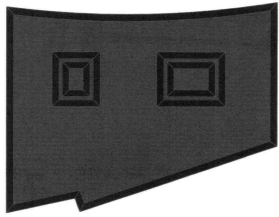

图 2-4-4　大开挖土方俯视模型

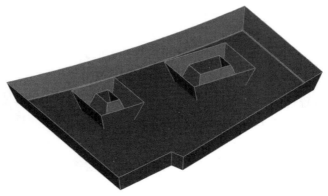

图 2-4-5　大开挖土方三维立体模型

 绘制技巧

① 快捷键：显示/隐藏图元，W；显示/隐藏图元名称和 ID，Shift＋W。

② 快速布置方式：可通过智能布置按照已绘制的筏板基础、自定义独基、外墙外边线、面式垫层及桩承台进行大开挖土方图元的快速布置（如图 2-4-6 所示）。

③ 快速修改：已绘制的大开挖土方图元，软件提供了复制、对齐、移动、合并、删除、镜像、偏移、分割、旋转、拉伸、设置夹点等多种修改功能（如图 2-4-7 所示），可用于对图元进行位置和模型的调整。

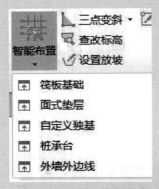

图 2-4-6　大开挖土方智能布置

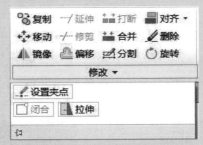

图 2-4-7　大开挖土方修改功能

2.4.2　基坑土方

（1）基坑土方建模操作

基坑土方建模操作流程如图 2-4-8 所示。

图 2-4-8　基坑土方建模操作流程

第一步：根据已绘制的基础构件——集水坑/桩承台的位置进行基坑土方图元生成。

第二步：导航树下"构件类型"→"集水坑/桩承台"→点击【建模】页签→【生成土方】（如图 2-4-9、图 2-4-10 所示）。

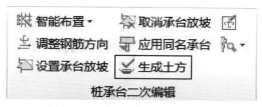

图 2-4-9　集水坑生成土方功能　　　　　图 2-4-10　桩承台生成土方功能

第三步：弹出"生成土方"功能界面，土方类型选择"基坑土方"，生成方式选择"手动生成"，生成范围选择"基坑土方"，工作面宽和放坡系数根据工程中土方信息手动输入，如图 2-4-11 所示。

点击确定后，选择需要生成基坑土方的集水坑/桩承台图元，选择完成后鼠标右键确认，基坑土方图元生成完毕。

（2）基坑土方模型显示

绘制完成后的基坑土方俯视模型如图 2-4-12 所示，三维立体模型如图 2-4-13 所示。

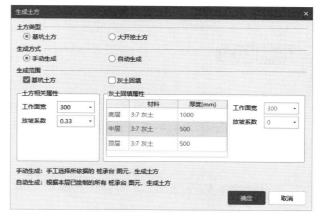

图 2-4-11　基坑生成土方功能界面

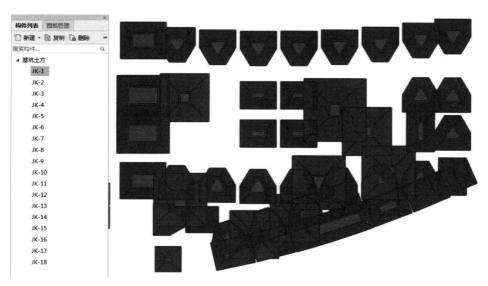

图 2-4-12　基坑土方俯视模型

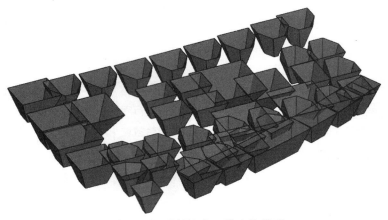

图 2-4-13　基坑土方三维立体模型

绘制技巧

① 快捷键：显示/隐藏图元，C；显示/隐藏图元名称和 ID，Shift+C。

② 快速布置方式：可通过智能布置按照已绘制的点式垫层、集水坑、柱、独立基础、桩承台、柱墩轴网先进行基坑土方图元的快速布置（如图 2-4-14 所示）。

③ 快速修改：已绘制的基坑土方图元，软件提供了复制、对齐、移动、删除、镜像、旋转等多种修改功能（如图 2-4-15 所示），可用于对图元进行位置和模型的调整。

图 2-4-14　基坑土方智能布置

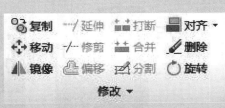

图 2-4-15　基坑土方修改功能

2.4.3　基槽土方

（1）基槽土方建模操作

基槽土方建模操作流程，如图 2-4-16 所示。

第一步：根据已绘制的基础构件（条形基础）的位置进行基槽土方图元生成。

第二步：导航树下"构件类型"→"条形基础"→点击【建模】页签→【生成土方】功能（如图 2-4-17 所示）。

图 2-4-16 基槽土方建模操作流程

第三步：弹出"生成土方"功能界面，生成方式选择"手动生成"，生成范围选择"基槽土方"，左、右工作面宽和左、右放坡系数根据工程中土方信息手动输入（如图 2-4-18 所示）。

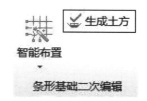

图 2-4-17 条形基础生成土方功能

点击确定后，选择需要生成基槽土方的条形基础图元，选择完成后鼠标右键确认，基槽土方图元生成完毕。

（2）基槽土方模型显示

绘制完成后的基槽土方俯视模型如图 2-4-19 所示，三维立体模型如图 2-4-20 所示。

图 2-4-18 基槽生成土方功能界面

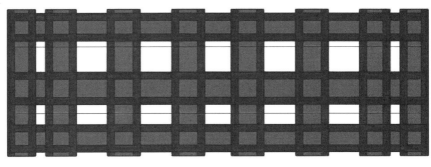

图 2-4-19 基槽土方俯视模型

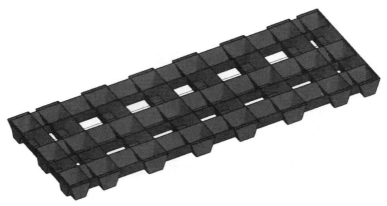

图 2-4-20 基槽土方三维立体模型

 绘制技巧

① 快捷键：显示/隐藏图元，K；显示/隐藏图元名称和 ID，Shift＋K。

② 快速布置方式：可通过智能布置按照已绘制的线式垫层、螺旋板、梁、条形基础及轴网进行基槽土方图元的快速布置，如图 2-4-21 所示。

③ 快速修改：已绘制的基槽土方图元，软件提供了复制、延伸、打断、对齐、移动、修剪、合并、删除、镜像、偏移、旋转、闭合、拉伸等多种修改功能（如图 2-4-22 所示），可用于对图元进行位置和模型的调整。

图 2-4-21 基槽土方智能布置　　　图 2-4-22 基槽土方修改功能

2.5 二次结构

2.5.1 砌体墙

2.5.1.1 砌体墙图纸示例及说明

砌体墙布局一般是在建筑图中体现，以图 2-5-1 一层平面图为例。

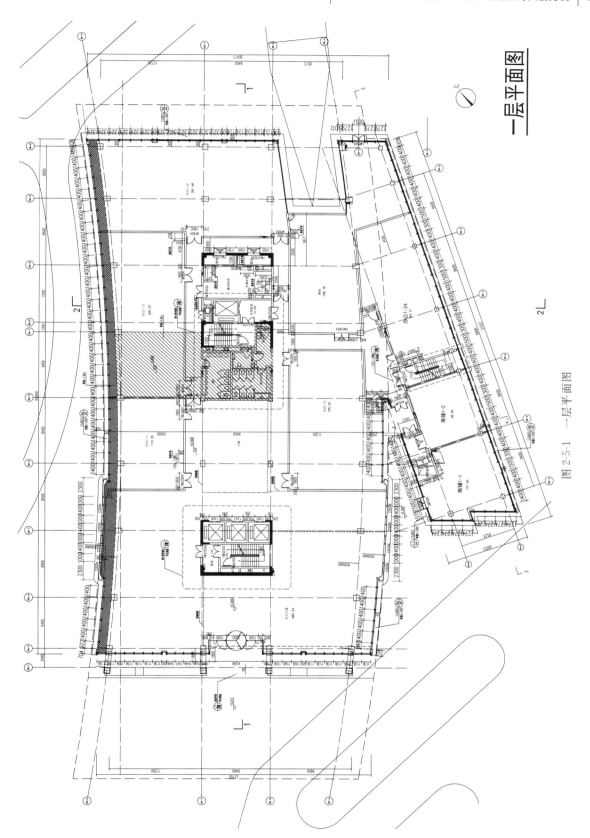

一层平面图

图 2-5-1　一层平面图

砌体墙大多情况下均没有名称标识，而对于构件信息，可以查看《施工图结构设计总说明》，依据"13.1 砌体填充墙"得知该构件类型的具体要求，如图 2-5-2 所示。

13.1.2 砌体填充墙及内隔墙材料见下表

表13.1.2　砌体填充墙及内隔墙材料

砌筑位置		砖名称 或砌块名称	砖强度等级 砌块强度等级	自重/(kg/m) 或体积密度级别	砂浆名称	砂浆强度等级
±0.00以下	室外	混凝土普通砖	MU20	2100	专用水泥砂浆	Mb10
	室内	蒸压加气混凝土砌块(优等品)	A5.0	B06	专用砌筑砂浆	Ma5.0
±0.00 以上	外墙　直墙	蒸压加气混凝土砌块(优等品)	A5.0	B06	专用砌筑砂浆	Ma5.0
	外墙　斜墙	复合实心墙板	A3.5	800	专用砌筑砂浆	Ma5.0
	内墙　直墙	蒸压加气混凝土砌块(优等品)	A5.0	B06	专用砌筑砂浆	Ma5.0
	内墙　斜墙	复合实心墙板	A3.5	800	专用砌筑砂浆	Ma5.0

注：1.蒸压加气混凝土专用砌筑砂浆与抹面砂浆详见《蒸压加气混凝土墙体专用砂浆》(JC890)。2.复合实心墙板相关要求见《建筑用轻质隔墙条板》(GB/T23451)。3.砂浆必须使用预拌砂浆。

图 2-5-2　砌体墙材料表

在该材料表中包含了砌筑位置、砖名称或砌块名称、砖强度等级砌块强度等级、砂浆名称、砂浆强度等级等信息，上述信息均需要在砌体墙构件属性中进行调整，因此需要在软件中建立不同的构件。

该表中显示±0.000 以上的楼层，砌体墙的"砂浆名称""砂浆等级"均是相同信息，因此可在软件的楼层设置中统一修改缺省值，以减少构件建立时对属性信息的频繁调整。

2.5.1.2 砌体墙建模操作流程

砌体墙建模流程如图 2-5-3 所示。

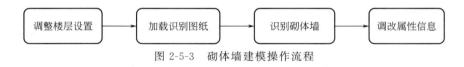

图 2-5-3　砌体墙建模操作流程

第一步：打开【工程设置】→【楼层设置】，点击楼层列表中选中"首层"行，然后选中下方混凝土强度设置中"砌体墙柱"行，修改砂浆信息，调整为"M5""混合砂浆"，如图 2-5-4 所示。

第二步：执行【复制到其他楼层】命令，在弹出的窗体中勾选地上其他楼层（如图 2-5-5 所示），将修改的首层砂浆信息复制到其他相同楼层即可。

对于地下部分砌体墙，由于同楼层中是按照"室内""室外"进行区分，因此不便在楼层设置中进行修改，可在对应楼层中建立构件后自行调整。

第三步：导航树下"构件列表"→"墙"→"砌体墙"，加载识别图纸"一层平面图"，点击【识别砌体墙】功能，在弹出的如图 2-5-6 所示窗体中，点击〈提取砌体墙边线〉，选择绘图区中砌体墙的边线图层，提取完成后模型如图 2-5-7 所示。

第四步：点击〈提取墙标识〉，此步骤需要提取平面图中墙名称或墙厚度等标识信息，该工程平面图中不包含此部分，该环节可跳过，但由于没有名称标识，软件会根据默认名称规则自动建立构件标识。

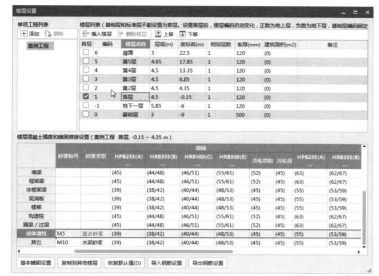

图 2-5-4　楼层设置

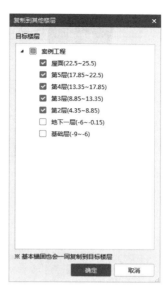

图 2-5-5　复制到其他楼层

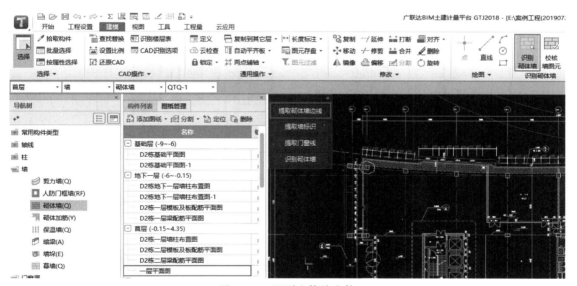

图 2-5-6　识别砌体墙窗体

第五步：点击〈提取门窗线〉，鼠标左键选择门窗线图层，如图 2-5-8 所示。

第六步：点击〈识别砌体墙〉，弹出自动生成的构件列表（如图 2-5-9 所示），此构件是根据厚度不同来区分建立的。

鼠标左键点击图 2-5-9 中"名称"列单元格时，可以查看该构件对应图纸中对应位置的墙边线，对应上的墙边线会改变颜色方便检查，如图 2-5-10 所示。

若出现问题时，可通过如图 2-5-10 中的功能按钮进行构件的添加、删除。表格中构件的名称、厚度等均可进行修改，当确认没有问题后，可点击【自动识别】，则该楼层的砌体墙图元直接生成（如图 2-5-11 所示）。

检查生成的墙模型，若出现部分短小墙段没有生成，则手动直线补绘。

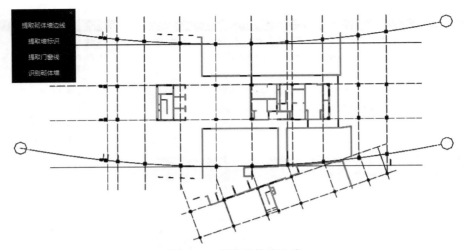

图 2-5-7　提取砌体墙边线

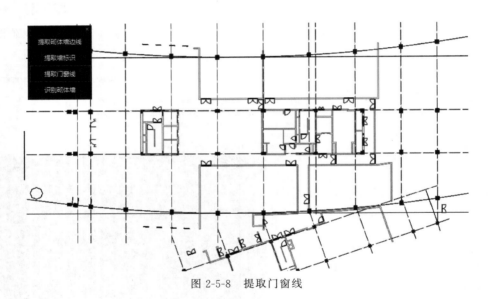

图 2-5-8　提取门窗线

	名称	类型	厚度	材质	通长筋	横向矩筋	构件来源	识别
1	QTQ-1	砌体墙	100				CAD读取	☑
2	QTQ-2	砌体墙	200				CAD读取	☑
3	QTQ-3	砌体墙	300				CAD读取	☑
4	QTQ-4	砌体墙	400				CAD读取	☑

图 2-5-9　自动生成的构件列表

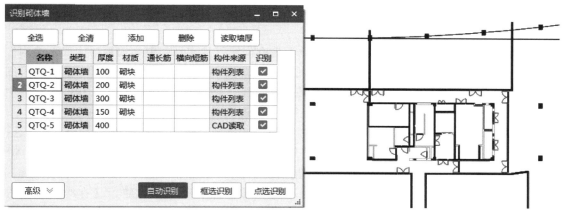

图 2-5-10　构件与图纸的对应检查

第七步：根据设计说明中地上部分直墙材料均为"蒸压加气混凝土砌块"，调整每个构件的"材质"属性，如图 2-5-12 所示。

第八步：构件图元生成完毕后，根据当地清单要求，参照柱构件套做法的相关操作说明，完成砌体墙构件做法的套取。

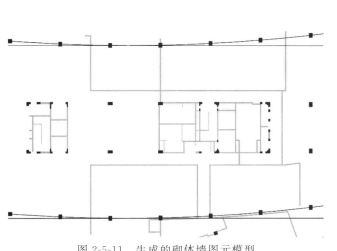

图 2-5-11　生成的砌体墙图元模型

	属性名称	属性值	附加
1	名称	QTQ-3	
2	厚度(mm)	300	☑
3	轴线距左墙皮…	(150)	☐
4	砌体通长筋		☐
5	横向短筋		☐
6	材质	砌块	☐
7	砂浆标号	(M5)	☐
8	内/外墙标志	内墙	☑
9	类别	一般砖墙	☐
10	起点顶标高(m)	层顶标高	☐
11	终点顶标高(m)	层顶标高	☐
12	起点底标高(m)	层底标高	☐
13	终点底标高(m)	层底标高	☐

图 2-5-12　砌体墙属性调整

操作技巧

（1）在识别砌体墙前，一定要确保相连接的柱图元、剪力墙图元已经生成，否则会影响砌体墙图元生成的位置。

（2）采用识别方式建立图元时，待图层提取完毕后，建议通过【图层管理】功能中的〈已提取图层〉进行检查，避免出现大面积漏提或多提的情况。

2.5.2 幕墙

该工程外圈围护结构均为幕墙，且幕墙上也有门窗，故识别门窗之前需要完成幕墙构件的建模。幕墙一般会作为专业分包，通过更为细致的深化施工图来作为施工参考，因此在本书中不做细致说明。幕墙建模操作步骤如下。

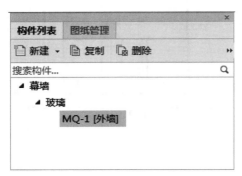

图 2-5-13　新建幕墙构件

第一步：导航树下"构件列表"→"墙"→"幕墙"，在构件列表中新建幕墙构件：MQ-1〔外墙〕，如图 2-5-13 所示。

第二步：加载平面图，使用【直线】绘制方式，按照图纸中幕墙图层进行描图即可，绘制的幕墙模型如图 2-5-14 所示。

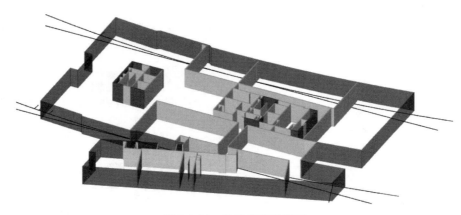

图 2-5-14　绘制的幕墙模型

2.5.3 门窗

2.5.3.1 门窗图纸示例及说明

门窗构件一般与砌体墙在同一张图纸中，图纸中每个位置的门窗都会显示具体的构件名称，如图 2-5-15 所示。

工程中的门窗构件数量是比较多的，因此对于门窗构件大多通过门窗表来呈现，该表格会显示门窗类型、门窗名称、门窗尺寸以及每种门窗在不同楼层的数量，因此可以根据门窗表（图 2-5-16）来一次性建立好全楼的门窗构件，本工程可于图纸"建施 60-001"中找到该表格。

2.5.3.2 门窗建模操作

门窗建模操作流程如图 2-5-17 所示。

第一步：导航树下"构件列表"→"门窗洞"→"门"，点击【识别门窗表】→拉框选择绘图区门窗表范围后右键确认→调整"识别门窗表"窗体中的表头信息（如图 2-5-18 所示），进行匹配→根据表格中门窗所分布的楼层，手动调整〈所属楼层〉列信息→调整完毕后点击【识别】。

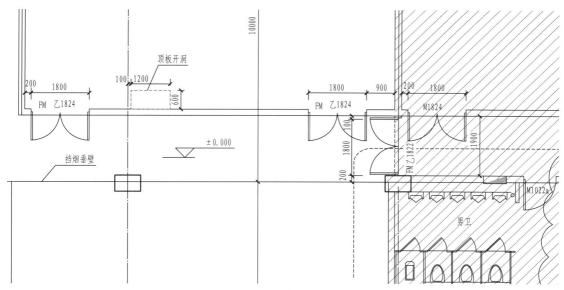

图 2-5-15　门窗平面布置图

门窗表一

类型	设计编号	洞口尺寸(mm)	数量						
			1F	2F	3F	4F	5F	屋顶层	合计
防火门	FM 乙1022	1000×2200	2						2
	FM 丙1022	1000×2200	1	1	1	1	1		5
	FM 甲1022	1000×2200	1						1
	FM 甲1024	1000×2400	1						1
	FM 甲1222	1200×2200	1	1	1	1	1		5
	FM 乙1222	1200×2200	1	1	1	1	1		5
	FM 乙1222	1500×2200	3	2	2	2	2	2	12
	FM 乙1522a	1500×2200	4	4	4	4	4		20
	FM 乙1522b	1500×2200		1	1	1	1		4

图 2-5-16　门窗表

图 2-5-17　门窗建模操作流程

　　修改〈所属楼层〉信息时，若相邻行的门构件所归属的楼层是相同，则调整完一个构件之后，可选中已调整完的单元格进行下拉，如图 2-5-19 所示，数据可直接复制，提高修改效率。

图 2-5-18　识别门窗表窗口

图 2-5-19　所属楼层信息复制操作

第二步：点击【识别门窗洞】，在弹出的识别流程功能中，门窗线在识别砌体墙时已经完成操作，因此〈提取门窗线〉环节可跳过；点击〈提取门窗洞标识〉，选择图纸中的门窗标识图层，如图 2-5-20 所示。

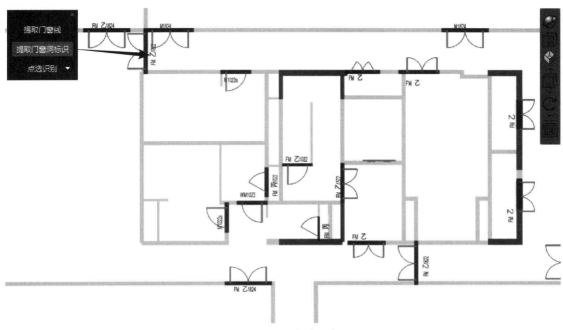

图 2-5-20　提取门窗洞标识

第三步：点击〈自动识别〉，软件根据提取信息自动建立门窗图元，识别完成后弹出校核报告，如图 2-5-21 所示。

第四步：双击报告中问题，可直接定位已生成的图元，据图纸信息进行构件图元信息查看，对于问题项可进行手动调改。

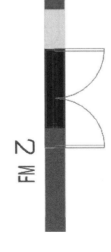

图 2-5-21　校核报告与问题定位

第五步：构件图元生成完毕后，根据当地清单要求，参照柱构件套做法的相关操作说明，完成门窗构件做法的套取。

2.5.4　过梁

2.5.4.1　过梁图纸示例及说明

砌体墙上设置门窗洞口后，为支撑洞口上部砌体所传来的各种荷载，并将这些荷载传给洞口两边墙体，会在门窗洞口上设置一道横梁，即为过梁。

过梁的布置规则一般是在"结构设计总说明"中呈现。本工程中即是在"结施 01-003"中"13.1.6 门窗过梁构造"（如图 2-5-22 所示）、"13.1.7 门、窗框构造要求（如图 2-5-23 所示）"以及"结施 01-004"中"砌体填充墙构造补充详图"（如图 2-5-24 所示）进行了说明，根据说明中的生成规则以及对应的图表，可在软件中直接通过自动生成的命令来绘制过梁图元。

13.1.6　门窗过梁构造

1. 后砌填充墙门窗洞口顶部应设置钢筋混凝土过梁，过梁可按图13.1.6-1和表13.1.6选用；

2. 当洞口上方有梁通过，且该梁底与门窗洞顶距离过近、放不下过梁时，可直接在梁下挂板，做法可参照图13.1.6-2，也可采用其他措施；

3. 当过梁遇柱或剪力墙其搁置长度小于240mm时，柱或剪力墙应预留过梁钢筋，此时，过梁上部纵筋等同于下部纵筋，纵筋锚入钢筋混凝土柱(墙)内 L_a，纵向钢筋可在柱(墙)内预留。

图 2-5-22　门窗过梁构造

13.1.7　门、窗框构造要求

1. 当门窗洞口宽度小于2.1m时，洞边应设抱框柱；当门窗洞口宽度大于等于2.1m时，洞边应设构造柱，做法详见国标图集(12G614-1)第17页。

2. 墙体窗洞下部做法应按建筑图施工，当建筑图未表示时，可设水平现浇带，截面尺寸为墙厚×60mm，纵筋2Φ10(当墙厚大于240mm时，纵筋3Φ10)，横向钢筋Φ6@300，纵筋应锚入两侧构造柱中或抱框中可靠拉结。

图 2-5-23　门、窗框构造要求

过梁表中标明墙厚不同时，过梁配筋不同，因此生成规则需注意区分不同墙厚，分别输入。

2.5.4.2　过梁建模操作

过梁建模操作流程如图 2-5-25 所示。

第一步：导航树下"构建列表"→"门窗洞"→"过梁"，点击"过梁二次编辑"命令组中的【生成过梁】，根据过梁表首先输入非 100 墙厚时过梁的尺寸信息、钢筋信息等，如图 2-5-26 所示，然后点击【确定】。

第二步：选择绘图区非 100 墙厚上的门窗图元，右键确认后生成过梁图元，如图 2-5-27 所示。

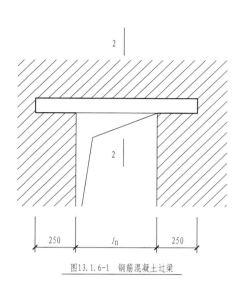

图13.1.6-1　钢筋混凝土过梁

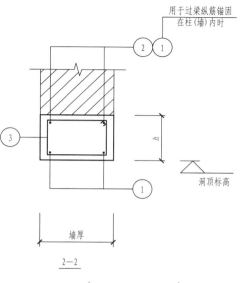

2—2

表13.1.6　门窗过梁选用表

洞宽l_n/mm	h/mm	①	②	③
≤1000	120	2Φ10(2Φ10)	2Φ8	Φ6@200
1000<l_n≤1500	150	2Φ10(2Φ10)	2Φ8	Φ6@150
1500<l_n≤2100	180	2Φ12(2Φ10)	2Φ8	Φ6@150
2100<l_n≤2700	210	3Φ12(2Φ12)	2Φ10	Φ6@150
2700<l_n≤3300	240	3Φ14(2Φ14)	2Φ10	Φ6@150
3300<l_n≤4200	300	3Φ16(2Φ16)	2Φ12	Φ6@150

注：括号内值用于100左右厚墙上的过梁。

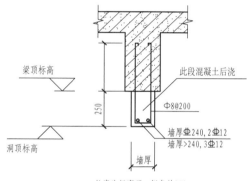

长度为门窗洞二侧各放250

图13.1.6-2　梁下挂板

图 2-5-24　过梁示意图及过梁表

图 2-5-25　过梁建模操作流程

　　第三步：再次点击【生成过梁】，重新输入 100 墙厚时过梁的钢筋信息，然后选择对应墙厚上的门窗图元生成过梁。

　　第四步：根据设计说明，洞口上方有梁且梁底与洞顶相距较近无法布置过梁时，按下挂板方式处理。由于该工程砌体墙均布置在内部，墙上布置均为门洞，洞顶标高距梁底可以布置过梁图元，因此下挂板在首层砌体墙无适用部位。

　　第五步：检查窗洞口的布置位置，由于本工程中窗洞口均布置在外幕墙上，因此设计说明中提出的窗洞的下方过梁可不用在该工程中设置。

　　第六步：构件图元生成完毕后，根据当地清单要求，参照柱构件套做法的相关操作说明，完成过梁构件做法的套取。

图 2-5-26　生成过梁窗口

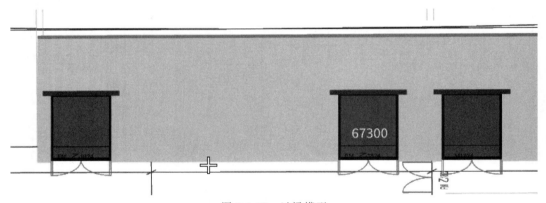

图 2-5-27　过梁模型

操作技巧

（1）本工程中不同墙厚的过梁需分别生成时，可以巧妙利用生成方式中的"选择图元"与"选择楼层"组合使用。

① 首先输入非 100mm 墙厚的过梁规则，生成方式为"选择楼层"，实现整层过梁的快速生成；

② 再次输入 100mm 墙厚的过梁规则，生成方式为"选择图元"，同时勾选"覆盖同位置过梁"，点选对应墙厚的洞口图元即可。

该组合方式适用某种特定类规则对应图元较少的情况。

（2）若需绘制窗洞口下方过梁时，由于【生成过梁】默认生成在洞口上方，两次生成会出现标高冲突，故绘制顺序建议为：自动生成窗洞口过梁图元→选中过梁图元→调整过梁图元属性为"洞口下方"（如图 2-5-28 所示）→再次自动生成门窗洞口过梁。

	属性名称	属性值	附加
1	名称	GL-1	
2	截面宽度(mm)		☐
3	截面高度(mm)	120	☐
4	中心线距左墙…	(0)	☐
5	全部纵筋		☐
6	上部纵筋	2Φ8	☐
7	下部纵筋	2Φ10	☐
8	箍筋	Φ6@200(2)	☐
9	胶数	2	☐
10	材质	现浇混凝土	☐
11	混凝土强度等级	(C15)	☐
12	混凝土外加剂	(无)	
13	泵送类型	(混凝土泵)	
14	泵送高度(m)		
15	位置	洞口下方	☐
16	顶标高(m)	洞口底标高	☐

图 2-5-28　窗下过梁属性调整

2.5.5　构造柱

2.5.5.1　构造柱图纸示例及说明

构造柱大多不会在建筑平面图中单独标注，而是在结构设计总说明中写明构造柱的布置规则，据此可在软件中自动生成。本工程在"结施 01-003"中的"13.1.3 砌体填充墙中构造柱的构造要求"标明了构造柱生成规则，见图 2-5-29。

构造柱中还包含一类门窗洞两侧的抱框柱，同样适用按规则生成的方式，本工程在"结施 01-003"中"13.1.7 门、窗框构造要求"中提到抱框柱生成规则，见图 2-5-23 第 1 条。

2.5.5.2　构造柱建模操作

构造柱建模操作流程如图 2-5-30 所示。

第一步：导航树下"构件列表"→"柱"→"构造柱"，点击"构造柱二次编辑"命令组中的【生成构造柱】，根据设计说明中的要求，进行生成选项的设计。优先进行构造柱的生成，生成方式采用"选择楼层"，如图 2-5-31 所示。

13.1.3　砌体填充墙中构造柱的构造要求

　　构造柱的平面布置详见建筑图，如建筑图中未表示，可参照国标图集(12G614-1)第
18～20页，并在以下部位增加设置(当遇到特殊情况时，应由设计者在相应结施图中反映)。

　　　　1.填充墙转角处；

　　　　2.当墙(包括窗下墙)长度超过5m或层高的2倍时，应在填充墙中部设置；

　　　　3.当填充墙顶部为自由端时，构造柱间距和截面设计应由设计人在相关结施图中反映；

　　　　4.当填充墙端部无主体结构或垂直墙体与之拉结时，端部应设置；

　　　　5.当门窗洞口宽度不小于2.1m时，洞口两侧应设置；

　　　　6.底层外墙上所有出入口的门洞两侧均应设置通高构造柱，且应与门洞上方和下方梁可
靠拉结，构造柱截面尺寸为240×墙厚，纵筋为4Φ12，箍筋为Φ8@150；

　　　　7.楼梯间采用砌体填充墙时，当砌体长度超过4m或墙长大于层高时，中间应加设构造柱，
构造具体平面布置详见各楼梯结施图；

　　　　8.当电梯井道采用砌体时，电梯井道四角应设置。

图 2-5-29　构造柱生成规则说明

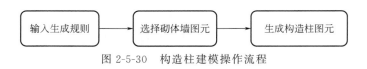

图 2-5-30　构造柱建模操作流程

图 2-5-31　生成构造柱设置条件

　　第二步：根据图 2-5-29 中第 1～6 条设置完毕后，点击【确定】，软件会根据选择的楼
层，生成指定范围内的构造柱图元。

第三步：根据图 2-5-29 中第 7 条规则，由于楼梯间构造柱生成规则与其他位置不同，因此将楼梯间的构造柱删除，重新设置该部位的生成规则。主要调整"构造柱间距"规则项，如图 2-5-32 所示。

图 2-5-32　楼梯间构造柱生成规则

通过"选择图元"方式，拉框选择楼梯间砌体墙图元，右键确认生成构造柱图元。

第四步：根据图 2-5-29 中第 8 条规则，可检查电梯井道四角构造柱的生成情况，若不符合规则，可手动调整。

第五步：门窗洞两侧的抱框柱，需要重新设置，如图 2-5-33 所示。

图 2-5-33　门窗洞两侧抱框柱生成设置

根据图 2-5-23 中第 1 条规则，"门窗洞口宽度小于 2.1m 时，洞边应设抱框柱"，因此在设置窗口中需勾选"门窗洞两侧，洞口宽度（mm）"，在洞口宽度处输入 0，但是下方的"覆盖同位置构造柱和抱框柱"不勾选即可实现宽度≤2.1m 的生成要求，生成的部分构造柱、抱框柱模型如图 2-5-34 所示。

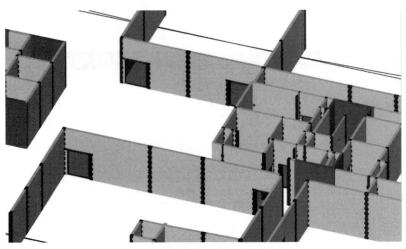

图 2-5-34　部分构造柱、抱框柱模型

第六步：构件图元生成完毕后，根据当地清单要求，参照柱构件套做法的相关操作说明，完成构造柱构件做法的套取。

2.5.6　圈梁

2.5.6.1　圈梁图纸示例及说明

圈梁的绘制规则可在本工程的结构设计说明中查及，主要包含了"结施 01-003"中"13.1.4 填充墙中水平系梁的构造要求"（如图 2-5-35 所示）以及"13.1.5 填充墙中圈梁构造"（如图 2-5-36 所示），两部分描述的内容均需通过圈梁构件来实现。

其中水平系梁的构造位置并没有在说明中描述清楚，因此需要查看平法图集 12G614-1中对此的描述，如图 2-5-37 所示。

13.1.4　填充墙中水平系梁的构造要求
　　1.填充墙构造柱和水平系梁的布置图详见(12G614-1)第19~21页；
　　2.水平系梁截面尺寸为墙厚×100mm，纵筋2Φ10(当墙厚大于240mm时，纵筋3Φ10)，横向钢筋Φ6@300；
　　3.当水平系梁与门窗洞顶过梁标高相近时，应与过梁合并设置，截面尺寸及配筋取水平系梁与过
　　　梁之大值，做法参见国标图集(12G614-1)第19、20页。当水平系梁被门窗洞口切断时，水平系梁纵筋应
　　　锚入洞边构造柱中或与洞边抱框拉结牢固；
　　4.框架柱(或剪力墙)预留水平系梁钢筋做法详见国标图集12G614-1第10页。

图 2-5-35　水平系梁构造要求

13.1.5　填充墙中圈梁构造
　　1.楼梯间四周砌体填充墙，应在楼梯半平台标高外(或楼层半高处)设置一道水平圈梁(见图13.1.5)；
　　2.当墙体顶部为自由端时，应在墙体顶部设置一道压顶圈梁，圈梁截面尺寸为墙厚×200mm，纵筋为
4Φ12，箍筋为Φ6@150；
　　3.框架柱(或剪力墙)预留的圈梁钢筋，做法参照图标图集(12G614-1)第10页。

图 2-5-36　圈梁构造

从平法规则中可以看到水平系梁是在 4000mm＜墙体高度 H≤6000mm 范围内生成，生成位置在墙高 2m 处，可作为自动生成的规则。

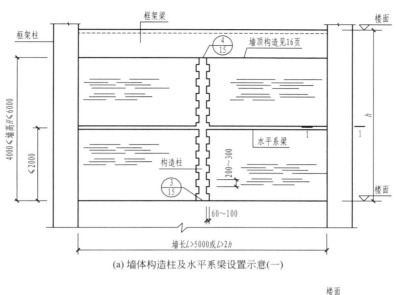

(a) 墙体构造柱及水平系梁设置示意(一)

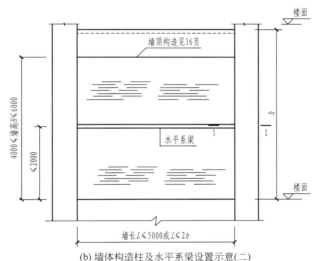

(b) 墙体构造柱及水平系梁设置示意(二)

图 2-5-37　水平系梁平法构造

图纸说明"13.1.5 填充墙中圈梁构造"条目，具体描述了其他布置圈梁的位置，以及圈梁尺寸和钢筋信息等，同时配以具体详图，如图 2-5-38 所示，参见"结施 01-004"。

2.5.6.2　圈梁建模操作

圈梁建模操作流程如图 2-5-39 所示。

第一步：导航树下"构件类型"→"梁"→"圈梁"，点击"圈梁二次编辑"命令组中的【生成圈梁】功能，根据设计说明中的要求，进行设置项调整。由于墙厚不同时，纵筋设置项不同，因此可参照图 2-5-40 进行设置。

第二步：规则调整完毕后，生成方式选

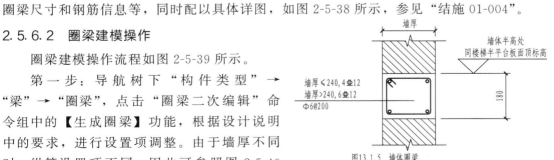

图 2-5-38　圈梁构造详图

择"选择楼层",点击【确定】,则对应楼层生成符合规则的圈梁模型,部分模型如图 2-5-41
所示。

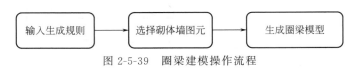

图 2-5-39　圈梁建模操作流程

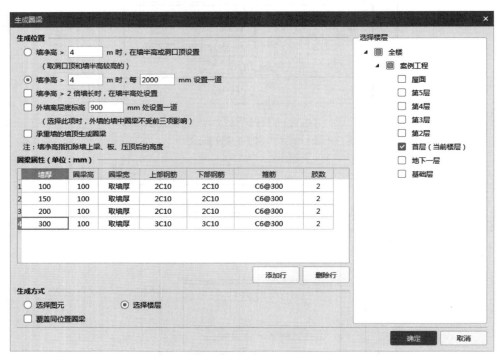

图 2-5-40　生成圈梁窗口

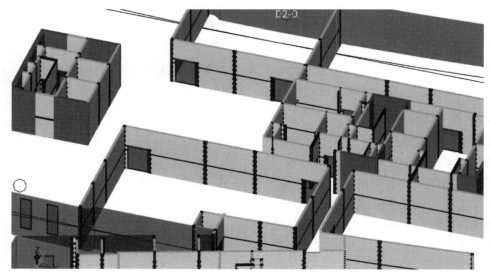

图 2-5-41　部分圈梁模型

　　根据图 2-5-35 中水平系梁第 3 条规则，检查该工程中水平系梁位置是否与过梁重合，经查看并无重合，因此可不用处理该规则场景。

　　第三步：根据图 2-5-36 中"13.1.5 填充墙圈梁构造"绘制砌体墙中其他位置圈梁，由于该条目中圈梁主要针对楼梯间以及顶部为自由端的填充墙，故建议手动绘制，操作流程如图 2-5-42 所示。

图 2-5-42　手动绘制圈梁操作流程

　　（1）由于不同墙厚的圈梁配筋不同，故在构件列表中分别建立多个构件。

　　（2）楼梯间圈梁直线绘制在楼梯间砌体墙上，根据规则说明调整标高属性，绘制出的模型如图 2-5-43 所示。

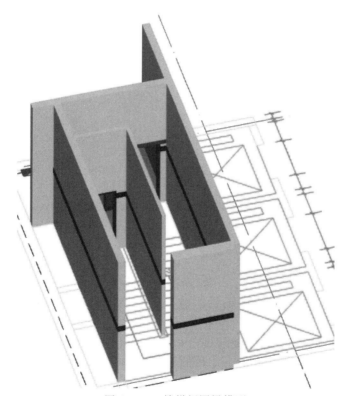

图 2-5-43　楼梯间圈梁模型

　　（3）对于墙顶为自由端的情况，需要将梁、板图元显示出来进行判断，构件需根据设计说明进行新建，构件信息如图 2-5-36 中第 2 条所示，绘制出的模型如图 2-5-44 所示。

　　说明：本工程中"结施 01-003"中"13.1.8"（图 2-5-45）描述了电梯井道部分也需要绘制圈梁，圈梁位置与电梯门洞位置有直接关系，但是在该图中对于电梯门洞并未做描述，因此需要与设计人员或是施工安装人员等进行沟通才可进行绘制。

　　第四步：构件图元生成完毕后，根据当地清单要求，参照柱构件套做法的相关操作说明，完成圈梁构件做法的套取。

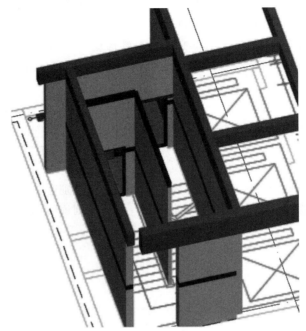

图 2-5-44 楼梯间自由端墙体上部圈梁模型

13.1.8 当电梯井道采用砌体砌筑时，应按电梯厂家要求，在电梯门洞顶部和电梯导轨支架预埋件相应位置设置圈梁，圈梁截面尺寸为墙厚×350mm，纵筋为4Φ14，箍筋为Φ6@150。

图 2-5-45 电梯井道圈梁构造要求

2.6 装修

2.6.1 图纸示例及说明

装修图元的生成参考图纸《建筑工程做法表》。本书以卫生间为例讲解装修构件在 GTJ2018 中的处理方法。

如建筑工程做法表所示，卫生间装饰由地面、内墙面、顶棚组成，卫生间地面做法如图 2-6-1、卫生间顶棚做法如图 2-6-2、卫生间内墙做法如图 2-6-3 所示。

编号	部位	工程做法
地面1	卫生间	1)素土夯实，80厚C15混凝土垫层
		2)1:3水泥砂浆找坡兼找平层，起点厚15，坡度1%
		3)20厚1:3干硬性水泥砂浆结合层，表面撒水泥粉
		4)8～10厚防滑地砖，干水泥擦缝
		5)8～10厚地砖，干水泥擦缝(地砖采用300×300通体防滑地砖)

图 2-6-1 卫生间地面做法

		1)钢筋混凝土楼板
顶棚2	卫生间	2)素水泥浆一道甩毛(内掺建筑胶)
		3)5厚1：0.5：3水泥石灰膏砂浆打底扫毛
		4)2厚纸筋灰罩面
		5)白色涂料饰面

图 2-6-2　卫生间顶棚做法

		1)14厚1：3水泥砂浆分遍抹平
内墙2	卫生间 (除墙裙高)	2)2厚面层耐水腻子分遍刮平
		3)白色乳胶漆面层两遍

图 2-6-3　卫生间内墙做法

2.6.2　装修建模操作

楼地面、墙面、墙裙、踢脚、顶棚、吊顶、独立柱装饰、单梁装饰等初装工程在 GTJ2018 中可以利用房间构件处理，处理思路如下：

① 建立房间构件→添加依附装修构件→绘制房间图元，此时所依附的装修构件同房间一并绘制在模型中，删除绘制好的房间时，各装修构件一并删除；

② 建立楼地面、墙面、天棚等装修构件→绘制各装修图元。

（1）软件操作流程

装修建模操作流程如图 2-6-4 所示。

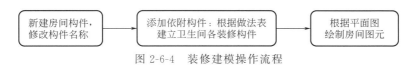

图 2-6-4　装修建模操作流程

（2）墙面、楼地面、顶棚装修

第一步：导航树下"构件列表"→"装修"→"房间"→新建房间，命名为"卫生间"，如图 2-6-5 所示。

图 2-6-5　新建房间

第二步：新建楼地面，修改名称为"地面 1"，标高默认为"层底标高"，如图 2-6-6 所示。

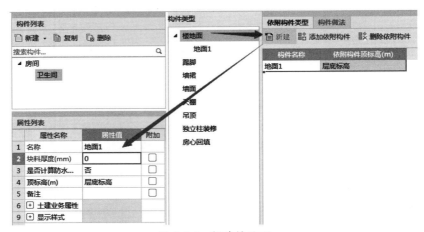

图 2-6-6 新建楼地面

第三步：新建墙面，修改名称为"内墙 2"，标高默认为墙顶、墙底标高；做法表中内墙 2 底层为水泥砂浆，面层为白色乳胶漆，故块料厚度默认为 0 即可，如图 2-6-7 所示。

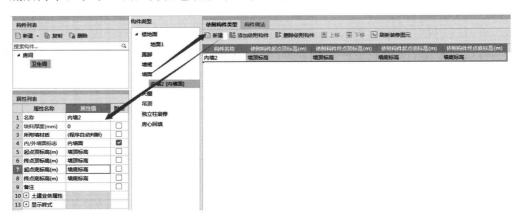

图 2-6-7 新建墙面

第四步：新建天棚，修改名称为"顶棚 2"，如图 2-6-8 所示。

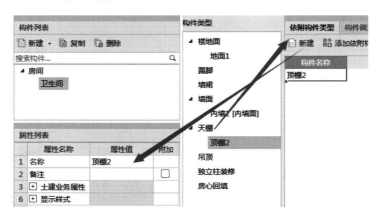

图 2-6-8 新建天棚

第五步：房间及内部装修建立好构件后，回到绘图区，使用【建模】页签→【点】功能布置房间，如图 2-6-9 所示。

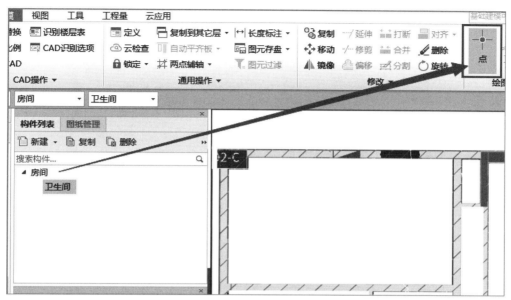

图 2-6-9　绘制房间图元

第六步：移动鼠标至卫生间区域，在墙围成的封闭区域内点击鼠标左键即可生成房间及装修图元，房间图元俯视效果如图 2-6-10 所示，房间图元三维效果如图 2-6-11、图 2-6-12 所示。

（3）独立柱装修

当房间中存在独立柱时，柱上的装修可以使用"独立柱装修"构件布置。如办公 1-24 房间中有两个独立柱，如图 2-6-13 所示。

独立柱装修可以在房间中建立依附构件，随房间一同布置，操作方法同前述墙面、楼地面。所有装修构件也可以不依附

图 2-6-10　房间图元俯视效果

在房间中一同布置，也可以单独布置单独出量，这里以独立柱装修为例，具体操作如下。

第一步：点击装修构件下的独立柱装修，点击〈新建〉→〈新建独立柱装修〉，如图 2-6-14 所示。

第二步：按图纸填写独立柱的块料厚度、标高等属性，本工程柱面装饰为白色乳胶漆，故块料厚度为 0，装修高度为柱底至柱顶，如图 2-6-15 所示。

第三步：绘制独立柱装修。

方法 1：使用【建模】页签→【点】动能绘制，如图 2-6-16 所示。

鼠标移动至绘图区需要布置装修的柱上，点击鼠标左键即可生成独立柱装修图元或拉框选择多个柱子生成独立柱装修图元，其俯视效果如图 2-6-17 所示。

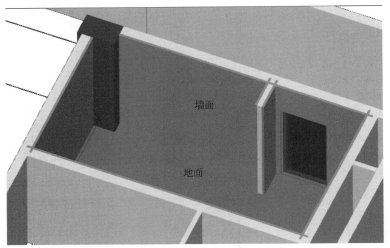

图 2-6-11　房间图元三维效果（墙面、地面）

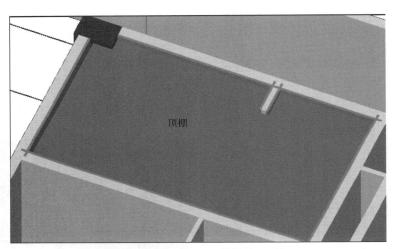

图 2-6-12　房间图元三维效果（顶棚）

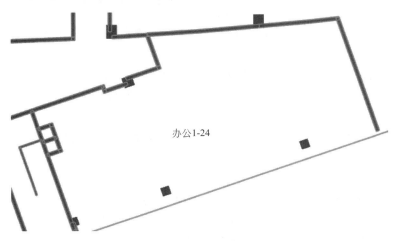

图 2-6-13　房间内独立柱

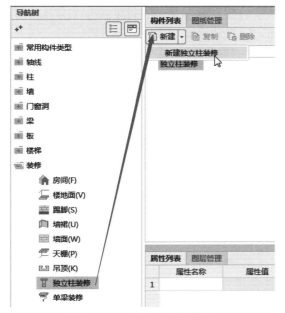

图 2-6-14　新建独立柱装修

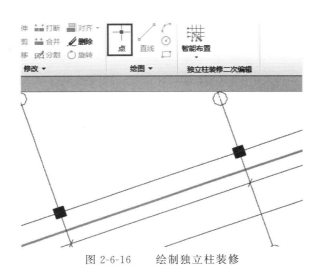

图 2-6-15　独立柱装修构件属性

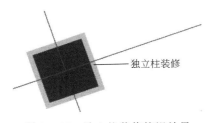

图 2-6-16　绘制独立柱装修

方法 2：使用智能布置，批量布置多个柱的装修。点击【建模】页签→【智能布置】功能→"柱"，如图 2-6-18 所示。

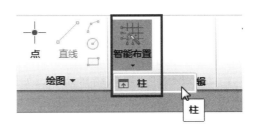

图 2-6-17　独立柱装修俯视效果

图 2-6-18　批量布置多个柱装修

如图 2-6-19 所示，拉框选择需要布置装修的柱，点击鼠标右键即可生成"独立柱装修"图元，独立柱装修俯视效果如图 2-6-20 所示，三维效果如图 2-6-21 所示。

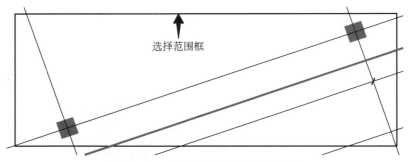

图 2-6-19　拉框选择多个独立柱图元

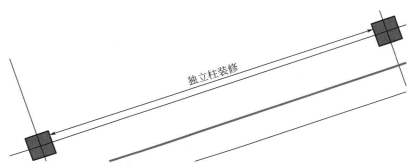

图 2-6-20　使用智能布置的独立柱装修俯视效果

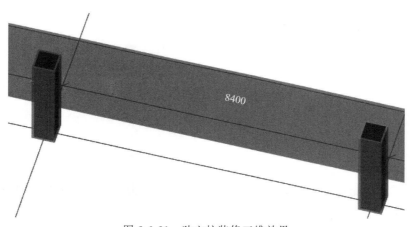

图 2-6-21　独立柱装修三维效果

第四步：绘制独立柱墙裙或踢脚。当房间内墙面有墙裙或踢脚时，通常独立柱上也有墙裙和踢脚。软件中可以用"墙裙""踢脚"两个构件布置。

① 建立墙裙构件，输入墙裙高度，如图 2-6-22 所示。建立踢脚构件，输入踢脚高度，如图 2-6-23 所示。构件建立方法同建立独立柱装修。

② 使用【建模】页签→"点"或【智能布置】功能绘制，将墙裙或踢脚布置在独立柱上，布置方法同独立柱装修，效果如图 2-6-24、图 2-6-25 所示。

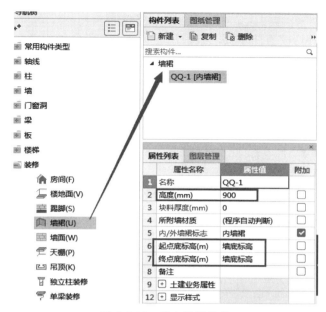

图 2-6-22　建立墙裙构件

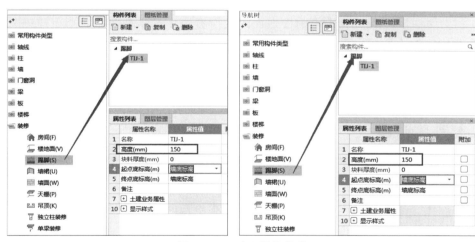

图 2-6-23　建立踢脚构件

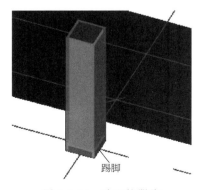

图 2-6-24　独立柱踢脚

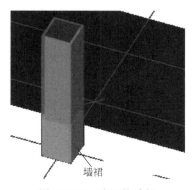

图 2-6-25　独立柱墙裙

（4）楼地面防水

当卫生间、厨房等房间有防水要求且使用卷材防水、卷材铺设至房间墙面时，水平和立面防水的工程量可以利用楼地面构件处理。本工程防水要求：厨房有水部位采用 0.8 厚丙纶复合防水卷材，高 1800。

第一步：导航树下"构件类型"→"装修"→"楼地面"→选择已经绘制好的楼地面图元→在属性列表中将"是否计算防水面积"改为"是"（图 2-6-26）。

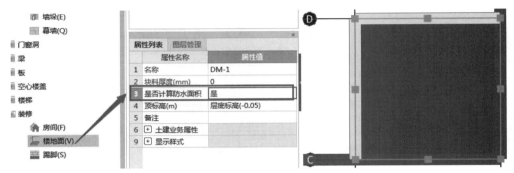

图 2-6-26　楼地面防水属性调整

第二步：在楼地面二次编辑功能分组中点击【设置防水卷边】，选择指定图元或指定边，如图 2-6-27 所示。指定图元则选中的楼地面图元所有边生成立面防水，指定边则只有楼地面图元中所指定的边生成立面防水。

图 2-6-27　设置防水卷边

第三步：在"设置防水卷边"界面输入立面防水高度→点击"确定"，如图 2-6-28 所示。生成的楼地面水平及立面防水的俯视模型如图 2-6-29 所示，三维模型如图 2-6-30 所示。

图 2-6-28　输入立面防水高度

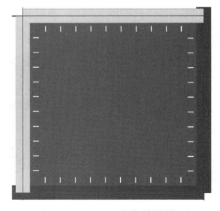

图 2-6-29　立面防水俯视模型

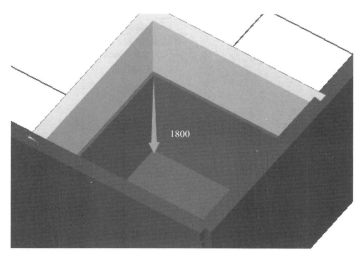

图 2-6-30 立面防水三维模型

2.6.3 装修提量

第一步：点击汇总计算【Σ】（如图 2-6-31 所示），选择房间及装修构件，点击"确定"，如图 2-6-32 所示。

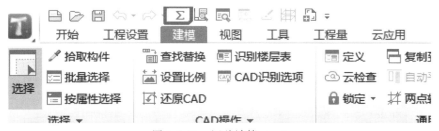

图 2-6-31 汇总计算（一）

第二步：选择房间，点击右键，选择"查看计算式"（如图 2-6-33 所示），弹出"查看工程量计算式"窗体（如图 2-6-34 所示），在此窗体中查看楼地面、天棚、墙面等装修构件的工程量。

当只想查看某个部分的装修工程量时，如只查看某道墙上的墙面，则在墙面构件图层下，选中要查量的墙面，点击右键，选择"查看计算式"即可（如图 2-6-35 所示），弹出"查看工程量计算式"窗体（如图 2-6-36 所示）。

图 2-6-32 汇总计算（二）

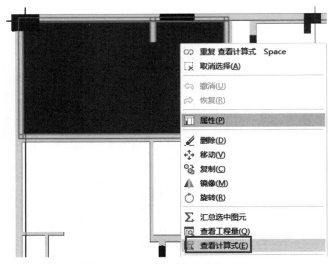

图 2-6-33　查看房间工程量（一）

图 2-6-34　查看房间工程量（二）

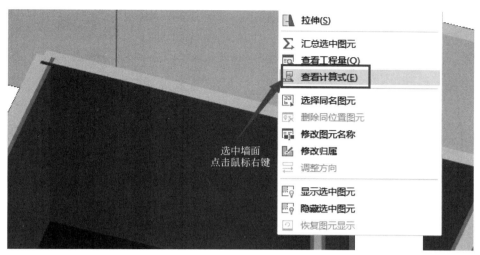

图 2-6-35　查看墙面装修工程量（一）

图 2-6-36　查看墙面装修工程量（二）

装修提量小技巧

（1）房间中凸出墙面柱装修量的计算

① 房间中附墙柱的装修与墙面相同时柱装修工程量的统计。查看墙面计算式时会发现墙面抹灰面积、块料面积计算式中都有〈加柱外露〉工程量，这里的"柱外露"指房间中凸出墙面的附墙柱的外露面积，程序会自动将与当前墙面平行的柱面外露面积加入抹灰或块料面积工程量中，如图 2-6-37、图 2-6-38 所示。

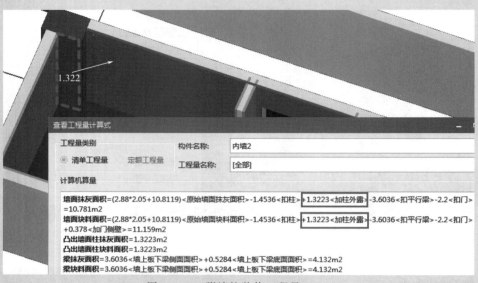

图 2-6-37 附墙柱装修工程量（一）

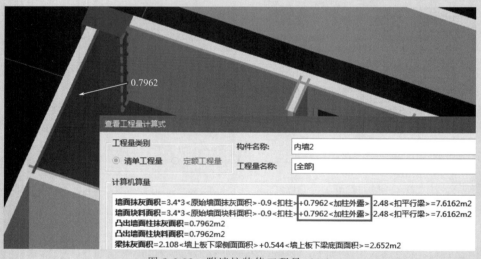

图 2-6-38 附墙柱装修工程量（二）

② 房间中附墙柱的装修与墙面相不同时柱装修工程量的统计。当房间中凸出墙面柱的装修做法与墙面不同时，可以使用墙面构件中凸出墙面柱抹灰或凸出墙面块料面积工程量来统计柱的装修面积，如图 2-6-39 所示。

（2）房间中有吊顶时墙面工程量的计算

① 规范要求。根据《房屋建筑与装饰工程工程量计算规范》GB 50854—2013 规定，有吊顶天棚抹灰的，内墙面抹灰高度算至天棚底。根据各地定额规则，有吊顶时，高度算至吊顶底面另加 200mm、100mm 不等。

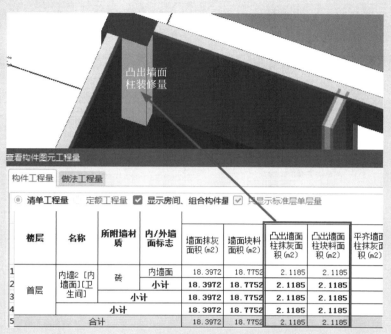

图 2-6-39　附墙柱装修工程量（三）

② 软件设置。GTJ2018 软件可以在土建计算设置中调整墙面抹灰的计算位置，具体操作如下。

第一步：点击【工程设置】页签，点击土建设置里的【计算设置】，如图 2-6-40 所示。

图 2-6-40　装修计算设置

第二步：选择要调整的清单规则或定额规则，点击【墙面装修】，找到"内墙面装修抹灰顶标高计算方法"的设置选项，下拉选择合适的选项即可，如图 2-6-41 所示。

例如选择"2 有吊顶时采用吊顶高度＋200，否则采用板底高度"，则内墙面抹灰高度计算至吊顶底面加 200mm 处。

（3）吊顶离地高度

吊顶构件属性中吊顶的离地高度是指楼地面至吊顶底的高度，而不是吊顶底至结构板底的高度。

（4）房间中存在凸出底板的梁时，梁装修工程量的统计

　　查看天棚工程量时，天棚抹灰面积、天棚装饰面积中有〈加悬空梁外露面积〉，即为梁凸出板底的侧面与底面面积之和，如图 2-6-42、图 2-6-43 所示。

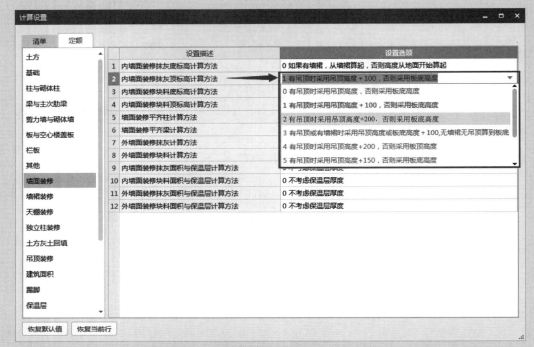

图 2-6-41　内墙面装修抹灰顶标高计算方法

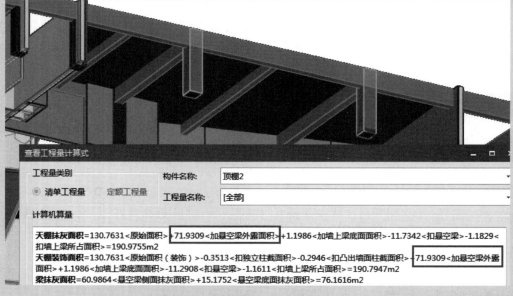

图 2-6-42　房间内悬空梁工程量（一）

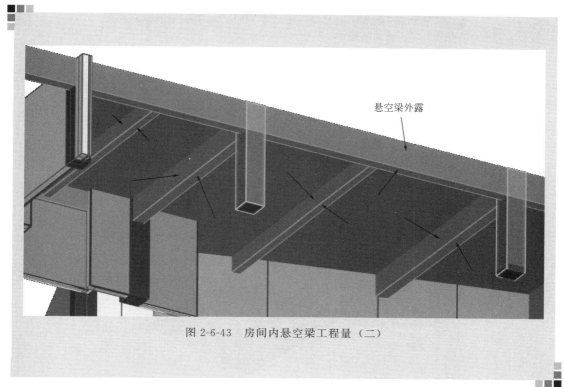

图 2-6-43　房间内悬空梁工程量（二）

2.6.4　楼地面防水工程提量

设置好楼地面防水及卷边高度后，进行汇总计算，查看楼地面构件的工程量即可计算出防水相关工程量，如图 2-6-44 所示，具体操作步骤同房间查量。

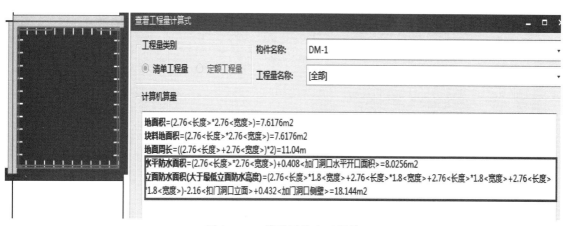

图 2-6-44　楼地面防水工程量

其中，"水平防水面积"指楼地面部分的防水面积，为主墙间净面积，如图 2-6-45 所示；"立面防水面积（大于最低立面防水高度）"指防水上卷到墙面部分的面积，为扣减门窗洞口与洞口侧壁的面积之和，如图 2-6-46 所示。

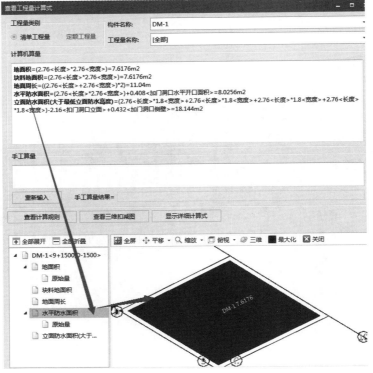

图 2-6-45　楼地面水平防水面积

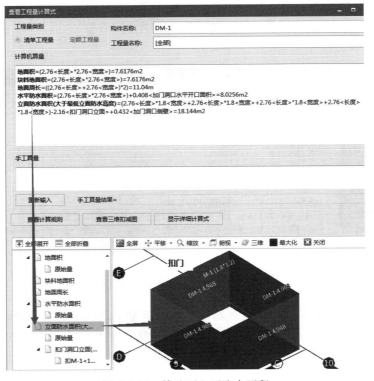

图 2-6-46　楼地面立面防水面积

楼地面防水提量小技巧

（1）规范要求

根据《房屋建筑与装饰工程工程量计算规范》GB 50854—2013 规定，楼地面卷材防水、涂膜防水、砂浆防水（防潮）等，防水反边高度小于等于 300mm 算作地面防水，反边高度大于 300mm 按墙面防水计算。

（2）软件设置

点击【工程设置】页签→【计算设置】→清单或定额计算规则→楼地面立面防水的最低高度值，按规范要求输入防水的最低高度值，如图 2-6-47 所示。

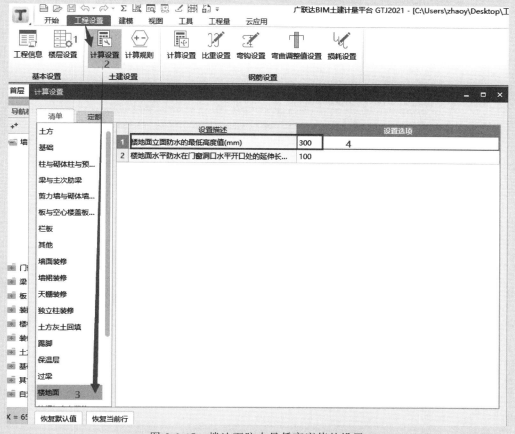

图 2-6-47　楼地面防水最低高度值的设置

当设置的防水卷边高度小于或等于设定值时，立面防水会合并至水平防水中，楼地面立面防水显示效果如图 2-6-48 所示，楼地面立面防水工程量如图 2-6-49 所示。

当设置的防水卷边高度大于设定值时，立面防水面积与水平防水面积会分别出量，如图 2-6-50 所示。

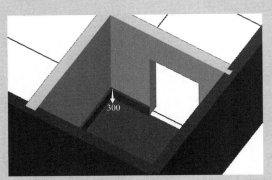

图 2-6-48 楼地面立面防水显示效果

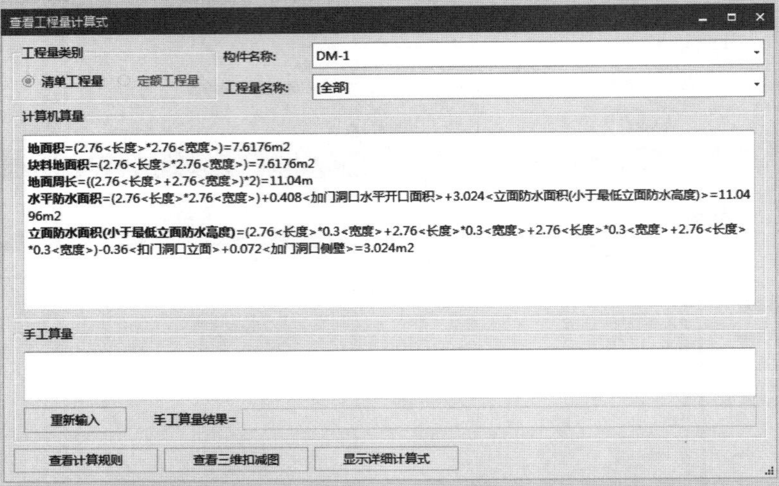

查看工程量计算式   ☐ ✕

工程量类别   构件名称: DM-1

◉ 清单工程量   定额工程量   工程量名称: [全部]

计算机算量

地面积=(2.76<长度>*2.76<宽度>)=7.6176m2
块料地面积=(2.76<长度>*2.76<宽度>)=7.6176m2
地面周长=((2.76<长度>+2.76<宽度>)*2)=11.04m
水平防水面积=(2.76<长度>*2.76<宽度>)+0.408<加门洞口水平开口面积>+3.024<立面防水面积(小于最低立面防水高度)>=11.0496m2
立面防水面积(小于最低立面防水高度)=(2.76<长度>*0.3<宽度>+2.76<长度>*0.3<宽度>+2.76<长度>*0.3<宽度>+2.76<长度>*0.3<宽度>)-0.36<扣门洞口立面>+0.072<加门洞口侧壁>=3.024m2

手工算量

重新输入   手工算量结果=

查看计算规则   查看三维扣减图   显示详细计算式

图 2-6-49 楼地面立面防水工程量——合并计算

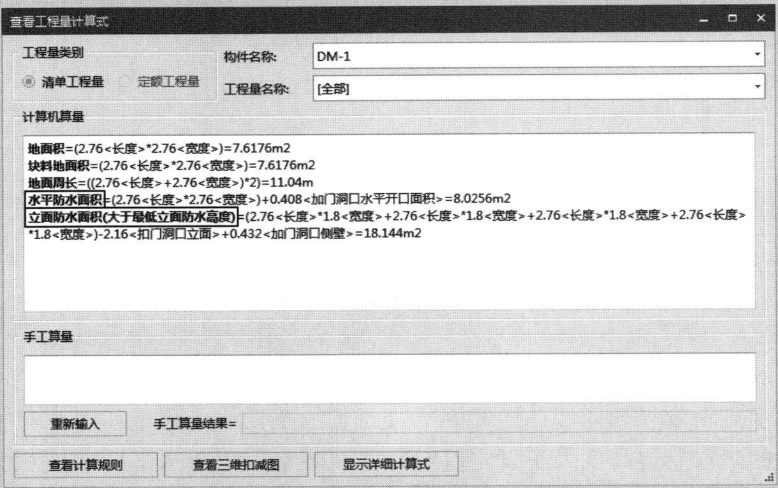

查看工程量计算式   ☐ ✕

工程量类别   构件名称: DM-1

◉ 清单工程量   定额工程量   工程量名称: [全部]

计算机算量

地面积=(2.76<长度>*2.76<宽度>)=7.6176m2
块料地面积=(2.76<长度>*2.76<宽度>)=7.6176m2
地面周长=((2.76<长度>+2.76<宽度>)*2)=11.04m
水平防水面积=(2.76<长度>*2.76<宽度>)+0.408<加门洞口水平开口面积>=8.0256m2
立面防水面积(大于最低立面防水高度)=(2.76<长度>*1.8<宽度>+2.76<长度>*1.8<宽度>+2.76<长度>*1.8<宽度>+2.76<长度>*1.8<宽度>)-2.16<扣门洞口立面>+0.432<加门洞口侧壁>=18.144m2

手工算量

重新输入   手工算量结果=

查看计算规则   查看三维扣减图   显示详细计算式

图 2-6-50 楼地面立面防水工程量——分别计算

2.7　零星

2.7.1　后浇带

（1）后浇带图纸说明

后浇带的信息一般会在结构设计总说明中描述，并附有节点大样做法。在基础总平面图上会画上后浇带的具体位置。

（2）后浇带设置操作

后浇带设置操作流程如图 2-7-1 所示。

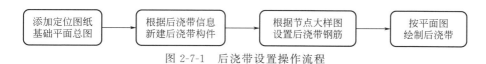

图 2-7-1　后浇带设置操作流程

第一步：在图纸管理界面点击"添加图纸"，将基础总平面图部分的图纸添加到软件中。

第二步：导航树下"构件列表"→"后浇带"→点击【建模】页签→点击〈新建后浇带〉，如图 2-7-2 所示。

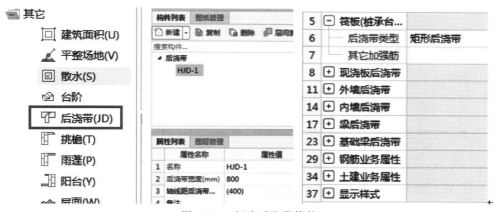

图 2-7-2　新建后浇带构件

在属性列表中可以设置后浇带的宽度，并且可以根据后浇带类型设置筏板、现浇板、外墙、内墙、框架梁、基础梁后浇带的属性。下面以本工程筏板后浇带（结施 01-004）为例（如图 2-7-3 所示）。

新建后浇带，在弹出的"选择参数化图形"窗体中，选择对应的"参数化截面类型"（如图 2-7-4 所示），并根据钢筋节点大样图，选择配筋形式。

第三步：选择对应的筏板后浇带配筋形式，输入配筋信息（如图 2-7-5 所示）。

第四步：输入后浇带宽度，调整完属性信息，在基础总平面图中找到后浇带具体位置（如图 2-7-6 所示），使用工具栏中的【绘图】→【直线功能】，绘制后浇带（如图 2-7-7 所示）。

（3）后浇带模型显示

绘制完成的后浇带俯视模型如图 2-7-8 所示，三维立体模型如图 2-7-9 所示。

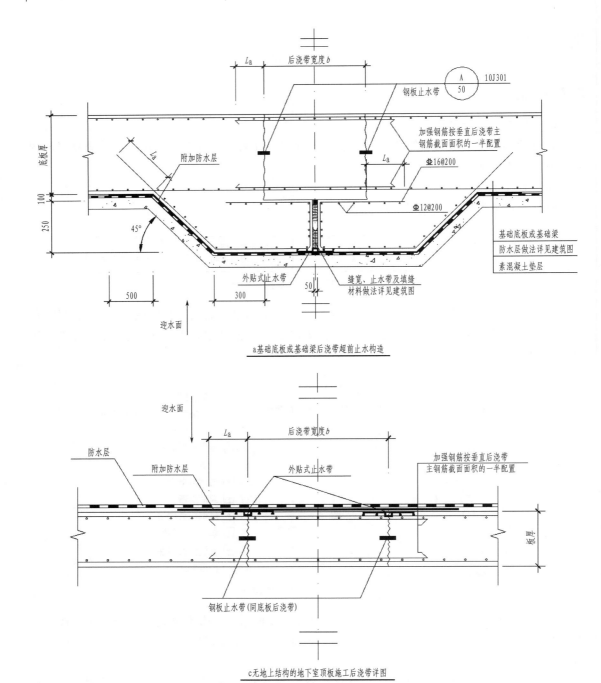

图 2-7-3 筏板后浇带节点大样图

2.7.2 保温层

（1）保温层图纸说明

保温层的信息一般会在建筑设计总说明中描述，并附有节点大样做法。在建筑平面图上会画出保温层示意。

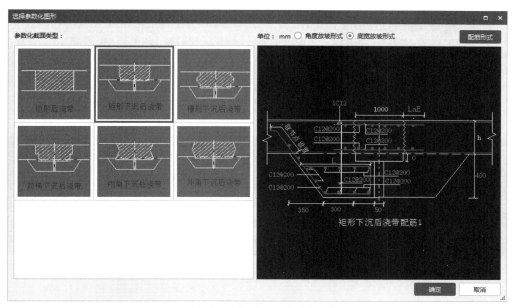

图 2-7-4　筏板后浇带参数图

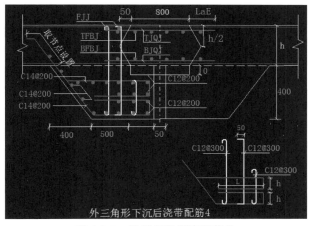

图 2-7-5　筏板后浇带配筋信息

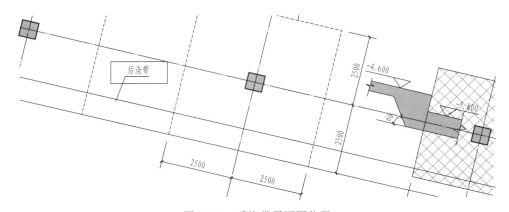

图 2-7-6　后浇带平面图位置

图 2-7-7　后浇带直线绘制

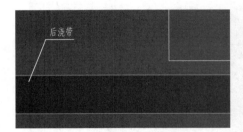

图 2-7-8　后浇带俯视模型

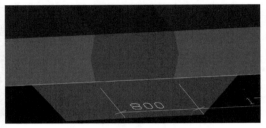

图 2-7-9　后浇带三维立体模型

（2）绘制保温层操作

绘制保温层操作流程如图 2-7-10 所示。

图 2-7-10　绘制保温层操作流程

第一步：图纸管理界面→点击"添加图纸"，将建筑平面图添加到软件中。

第二步：导航树下"构件列表"→"保温层"→点击【建模】页签→点击〈新建保温层〉，如图 2-7-11 所示。

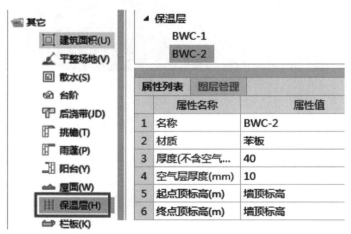

图 2-7-11　新建保温层构件

保温大样图中要求外墙保温采用 40mm 厚挤塑聚苯板做法如图 2-7-12 所示。

第三步：在属性中输入保温层材质、厚度等信息，调整完属性信息后，使用【建模】页签→【绘图】→【点】或者【直线】功能绘制保温层（如图 2-7-13 所示）。

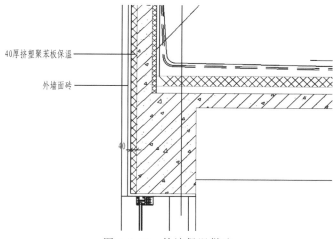

图 2-7-12　外墙保温做法

图 2-7-13　保温层点或者直线绘制

（3）保温层模型显示

绘制完成后的保温层三维立体模型如图 2-7-14 所示。

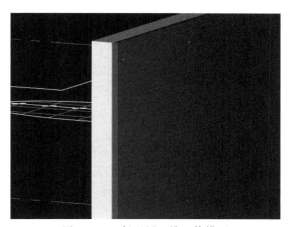

图 2-7-14　保温层三维立体模型

2.7.3　散水

（1）散水图纸说明

散水的信息一般会在建筑设计总说明中进行描述，并标注图集做法要求，在首层建筑平面图上绘制具体位置。

（2）散水绘制操作

散水绘制操作流程如图 2-7-15 所示。

图 2-7-15　散水绘制操作流程

第一步：图纸管理界面→点击"添加图纸"，将首层建筑平面图添加到软件中。

第二步：导航树下"构件列表"→"散水"→点击【建模】页签→点击〈新建散水〉，如图 2-7-16 所示。

图 2-7-16　新建散水构件

图纸中标注了散水做法见 88J9，找到对应图集，图集 88J9 第 55 页节点③（如图 2-7-17 所示）。

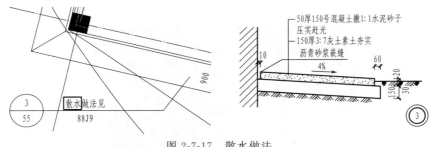

图 2-7-17　散水做法

第三步：在属性中输入散水材质、厚度等属性信息，调整完属性信息后使用【建模】页签→【点】或者【直线】绘制功能（如图 2-7-18 所示），绘制散水。

图 2-7-18　散水点或者直线绘制

（3）散水模型显示

在建筑平面图中按照散水平面图绘制散水，俯视查看模型显示（如图 2-7-19 所示）。

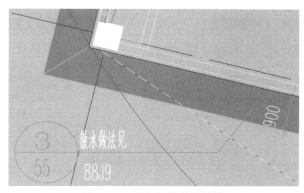

图 2-7-19　散水模型俯视图

2.7.4　特殊节点

（1）特殊节点图纸说明

由于建筑造型设计越来越复杂，建筑外立面异型挑檐等结构也越来越多。软件中一般用挑檐建模，计算钢筋和装修工程量。本工程图纸中就有异型挑檐的节点，如图 2-7-20 所示。

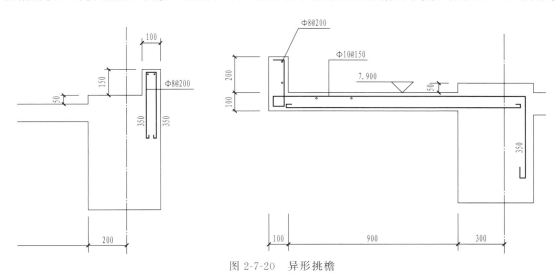

图 2-7-20　异形挑檐

（2）特殊节点建模操作

第一步：导航树下"构件列表"→"挑檐"→点击【建模】页签→〈新建〉→〈新建线式异形挑檐〉，如图 2-7-21 所示。

第二步：在导入的 CAD 图纸上描绘特殊节点形状或者提取 CAD 线，如图 2-7-22 所示。

第三步：挑檐截面形状绘制完成后，在"截面编辑"界面绘制节点配筋（如图 2-7-23 所示）。

（3）特殊节点装修

对于特殊节点截面，可以在软件中用【自定义贴面】进行外装饰面的装修建模和工程量的计算，如图 2-7-24 所示。操作流程如下。

图 2-7-21 新建挑檐构件

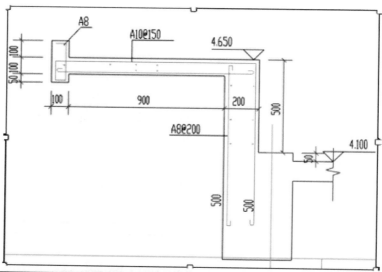

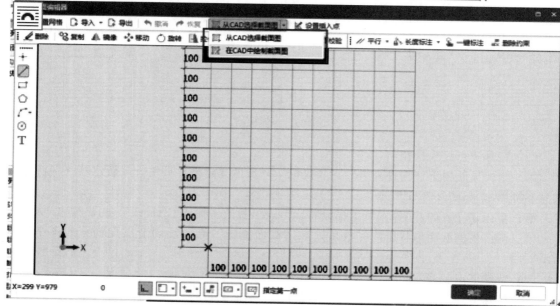

图 2-7-22 绘制异形挑檐截面

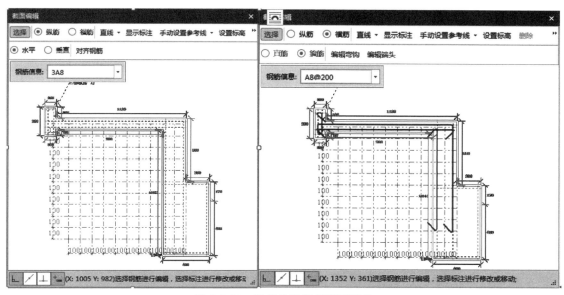

图 2-7-23　异形挑檐钢筋截面编辑

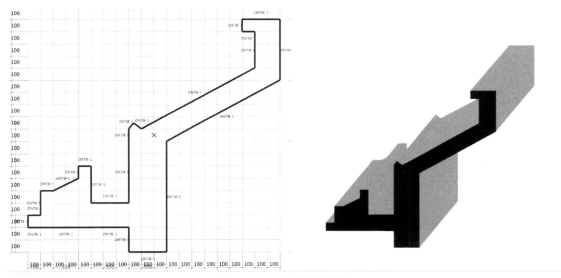

图 2-7-24　异形挑檐装修

第一步：导航树下"构件列表"→"自定义贴面"→新建自定义贴面（如图 2-7-25 所示）。

第二步："属性列表"中可以定义装饰的做法类型，显示样式可以设置装修的材质，如图 2-7-26 所示。

挑檐的任意面"点"选，布置装修（如图 2-7-27 所示）。

鼠标滑过即可捕捉到需要布置的挑檐面，点击布置（如图 2-7-28 所示）。

图 2-7-25　新建自定义贴面构件

图 2-7-26 设置自定义贴面属性

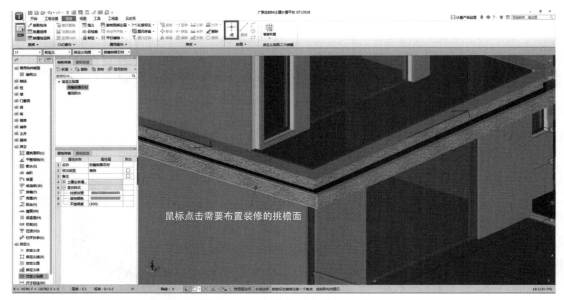

图 2-7-27 点式布置自定义贴面

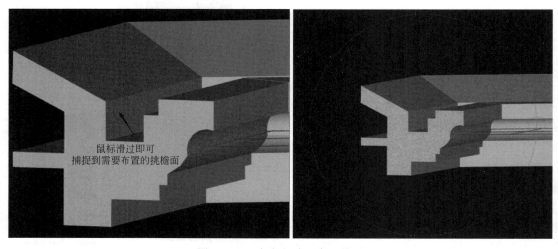

图 2-7-28 自定义贴面布置效果

第三步：选用软件的智能布置功能，批量布置挑檐装修，如图 2-7-29 所示。

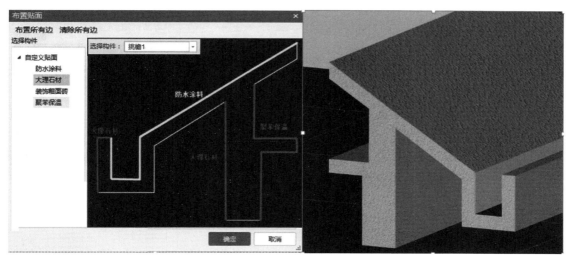

图 2-7-29　智能布置自定义贴面

2.7.5　表格输入

（1）表格输入说明

表格输入是软件中辅助用户算量的一个工具模块，如预算中的一些零星土建工程量、钢筋工程量可以在表格输入中计算；GTJ2018 的表格输入模块，包括钢筋表格输入和土建表格输入，以钢筋表格输入为例来处理楼梯构件的钢筋计算。

（2）表格输入操作

以楼梯为例说明表格输入操作流程如图 2-7-30 所示。

图 2-7-30　楼梯表格输入操作流程

第一步：【工程量】页签→点击【表格输入】（如图 2-7-31 所示），软件弹出"表格输入"窗体。

图 2-7-31　表格输入

第二步："表格输入"窗体→〈钢筋〉→〈钢筋表格构件〉→添加〈构件〉→参数输入→图集列表选择楼梯类型，以 AT 型楼梯为例（如图 2-7-32 所示）。

第三步：右侧参数图中输入楼梯尺寸、输入钢筋信息，编辑楼梯参数（如图 2-7-33 所示）。

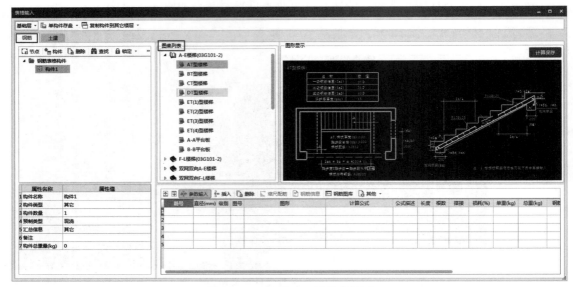

图 2-7-32 选择 AT 楼梯参数图

AT型楼梯：

名称	数值
一级钢筋锚固（l_{a1}）	27D
二级钢筋锚固（l_{a2}）	34D
三级钢筋锚固（l_{a3}）	40D
保护层厚度（bh_c）	15

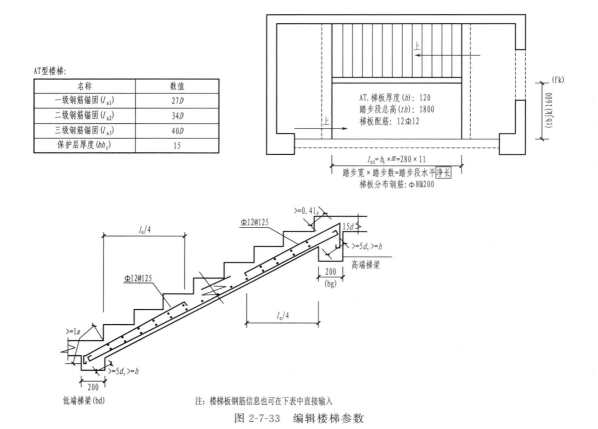

图 2-7-33 编辑楼梯参数

第四步：编辑参数完成后，点击右上角"计算保存"，即可查看楼梯钢筋计算结果（如图 2-7-34 所示）。

筋号	直径(mm)	级别	图号	图形	计算公式	公式描述	长度	根数	搭接	损耗(%)	单重(kg)	总重(kg)	钢筋归类
1	梯板下部纵筋	12	Φ	3	3733	3080*1.134+2*120		3733	12	0	0	3.315	39.78	直筋
2	下梯梁端上部纵筋	12	Φ	149	198 1083 梯 600 90°	3080/4*1.134+408+120-2*15		1371	14	0	0	1.217	17.038	直筋
3	上梯梁端上部纵筋	12	Φ	149	180 1083 梯 450 90°	3080/4*1.134+343.2+90		1306	14	0	0	1.16	16.24	直筋
4	楼板分布钢筋	8	Φ	3	1570	1570+12.5*d		1670	30	0	0	0.66	19.8	直筋

图 2-7-34　查看参数化楼梯钢筋计算结果

2.8　计算结果查看

2.8.1　云检查

2.8.1.1　云检查功能

在投标时使用软件进行工程量计算，在单个楼层或整个楼层绘制或 CAD 识别完毕后，不知道工程绘制是否存在问题，期望进行检查，但是工程检查量大，且算量时间紧张，没有时间详细检查时，可以使用软件提供的【云检查】功能（如图 2-8-1 所示），进行整楼、楼层、自定义区域的检查，以便达到快速检查修正工程问题的目的，避免因为模型绘制问题导致工程量少算、漏算，从而规避因为算量导致的工程损失。

图 2-8-1　云检查功能入口

2.8.1.2　云检查方式

云检查有 3 种检查方式：整楼检查、当前层检查、自定义检查，如图 2-8-2 所示。

（1）整楼检查

整个工程都完成了 CAD 识别或模型绘制工作，即将进入整个工程的工程量汇总工作，为了保证算量结果的正确性，希望对整个楼层进行检查，从而发现工程中存在的问题，方便进行修正。

（2）当前层检查

工程的单个楼层完成了 CAD 识别或模型绘制工作，为了保证算量结果的正确性，希望对当前楼层进行检查，发现当前楼层中存在的错误，方便及时修正。

（3）自定义检查

工程 CAD 识别或模型绘制完成后，工程部分模型信息，如基础层、四层的建模模型可能存在问题，期望针对性地进行检查，便于在最短的时间内关注最核心的问题，从而节省时间。

图 2-8-2　云检查界面

2.8.1.3　云检查规则设置

　　每个工程的情况不尽相同，在检查工程时使用的具体检查数值也不尽相同，【云检查】内置了检查规则，但是对于具体的检查数据开放了设置项，用户可以根据工程的具体情况，进行检查具体数据的设置，以便于更合理地检查工程错误。

　　在"云检查"窗体中，点击【规则设置】，在弹出的"规则设置"页面中，查看检查规则，根据工程情况做相应的参数调整，如图 2-8-3 所示。目前云检查的规则分为 4 大类：设置合理性、建模遗漏、属性合理性、建模合理性，用户可以根据需求自定义选择、设置所需规则项，调改完成后，点击【确定】。再次执行云检查时，软件将按照设置的规则参数进行检查。

图 2-8-3　云检查规则设置

2.8.1.4　云检查结果

点击【云检查】功能，执行【整楼检查】/【当前层检查】/【自定义检查】之后，在"云检查结果"窗体中，可以看到结果列表，见图 2-8-4。软件根据当前检查问题的情况进行了分类，包括确定错误、疑似错误、提醒等，用户可根据当前问题的重要等级分别关注。

在"云检查结果"窗体中，我们可以根据检查结果项分别查看对应的错误信息，通过与模型对比，快速定位到模型的错误出处，软件中提供的辅助功能如下。

（1）定位

在"云检查结果"窗体中，错误问题支持双击定位，同时可以点击【定位】按钮进行定位（如图 2-8-5 所示）。软件会自动定位到绘图区中图元的错误位置，并在相应位置给出错误提示，方便用户了解错误原因。

（2）修复

在检查结果中逐一排查问题时，发现了工程的

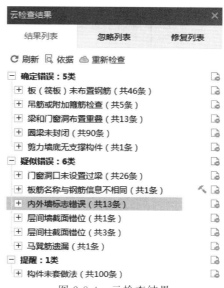

图 2-8-4　云检查结果

错误问题，需要进行修改，软件内置了一些修复规则，支持快速修复。此时，可以点击【修复】按钮，进行问题修复（如图 2-8-6 所示）。修复后的问题，在"修复列表"中呈现，可在修复列表中再次关注已修复问题。

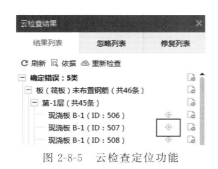

图 2-8-5　云检查定位功能　　　　　　图 2-8-6　云检查修复功能

（3）忽略

在检查结果中逐一排查问题时，若检查出的问题可以不用关注，直接忽略即可，此时点击【忽略】按钮（如图 2-8-7 所示）。点击后，当前行信息转移到"忽略列表"中，需要时，可以在"忽略列表"中进行查看。

（4）刷新

对检查结果进行排查后，已经修复了很多问题。此时，期望刷新检查结果，针对最新的问题继续进行排查，此时可以点击【刷新】按钮，刷新当前检查问题（如图 2-8-8 所示）。软件将执行上次设定的检查区域，如上次是整理检查，则本次执行整理检查，从而进一步刷新检查结果。

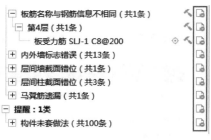

图 2-8-7　云检查忽略功能　　　　　　　图 2-8-8　云检查刷新功能

（5）依据

在检查结果列表中，软件给出了确定错误、疑似错误、提醒等内容，期望了解软件的检查规则，可以查看云检查的【依据】按钮（如图 2-8-9 所示）。

（6）重新检查

检查列表中，已经修改了部分检查的问题，期望查看最新的检查结果。此时，可以使用【重新检查】（如图 2-8-10 所示）。

图 2-8-9　云检查依据功能　　　　　　　图 2-8-10　云检查重新检查功能

（7）还原

在针对检查结果逐一进行排查时，对一些问题做了忽略处理，之后发现忽略列表中，有部分问题确实存在错误，需要进行修正。此时，可以使用"还原"功能，将忽略的内容还原（如图 2-8-11 所示）。

点击【还原】按钮后，已忽略的检查信息还原到"结果列表"中，可在"结果列表"中查看（如图 2-8-12 所示），接下来，可以进一步进行定位、查找问题，重新检查进行错误问题修复。

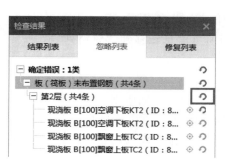

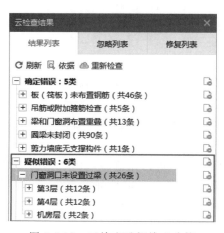

图 2-8-11　云检查还原功能　　　　　　　图 2-8-12　云检查重新检查功能

2.8.2　计算结果查看相关功能

2.8.2.1　汇总

汇总功能入口在【工程量】页签下，如图 2-8-13 所示。

图 2-8-13　汇总功能入口

（1）汇总计算

使用汇总计算功能有以下几种情况：完成工程模型，需要查看构件工程量时；修改了某个构件属性、图元信息，需查看修改后的图元工程量时；只需要汇总构件的部分工程量或只汇总做法工程量时。汇总计算功能可以选择需要汇总的楼层、构件及汇总项，进行汇总计算，如图 2-8-14 所示。

图 2-8-14　汇总计算

（2）汇总选中图元

当只需要汇总某个构件的部分图元时，可以使用【汇总选中图元】功能。在绘图界面点选或拉框选中需要汇总的图元，点击鼠标右键即可进行汇总计算，计算成功后（如图 2-8-15 所示），可以使用查看图元计算式、查看工程量、查看钢筋量、编辑钢筋等功能

图 2-8-15　汇总计算成功

查看工程量。

（3）云计算

当存在所绘工程图元较多、项目着急出量、本地电脑硬件配置过低等情况时，可以使用【云计算】功能。云端服务器快速汇总工程数据，不占用本地电脑资源，汇总计算完成后返回数据结果至本地 GTJ2018，用户可直接查看工程量数据。

2.8.2.2　土建计算结果

土建计算结果功能入口在【工程量】页签下如图 2-8-16 所示。

图 2-8-16　土建计算结果功能入口

（1）查看计算式

查看计算式功能应用场景：需要查看所选构件图元的工程量计算式，进行计算过程及结果正确性的检查核对；需要查看所选构件的三维构件图元的三维扣减关系，从而了解构件的计算过程。

在菜单栏【工程量】页签下→点击【查看计算式】，鼠标左键选择需要查看计算式的图元，弹出查看工程量计算式窗体，如图 2-8-17 所示。

图 2-8-17　查看工程量计算式

（2）查看工程量

查看工程量应用场景：查看当前构件类型下所选构件图元的构件工程量及做法工程量；不同的分类条件及顺序查看所选构件图元的构件工程量，比如查看当前层中框架柱的模板工程量，可以按照不同的断面周长分别查看；过程中需要审核工程量，快速查找关联图元。

在菜单栏【工程量】页签下→点击【查看工程量】，在绘图界面点选或拉框选择需要查看工程量的图元，弹出查看构件图元工程量窗体（如图 2-8-18 所示）。

图 2-8-18　查看构件图元工程量

导航树下构件列表界面【工程量】页签下，根据清单定额、单清单、单定额模式的不同，显隐清单工程量、定额工程量。做法【工程量】页签下，如果当前构件套好做法且已经汇总计算好，界面会显示其做法工程量，未计算汇总做法工程量显示为 0。

2.8.2.3　钢筋计算结果

钢筋计算结果功能入口在【工程量】页签下如图 2-8-19 所示。

图 2-8-19　钢筋计算结果功能入口

（1）查看钢筋量

汇总计算后，如需要在绘图区查看选中构件图元（按照钢筋直径和级别汇总）的钢筋总量，可以使用【查看钢筋量】功能。在菜单栏【工程量】页签下→点击"查看钢筋量"，鼠标左键选择需要查看计算式的图元，弹出查看钢筋量主界面。查看钢筋量表可以实现按照钢筋级别、直径统计钢筋量，可以按照构件名称统计单独总量及钢筋总重量，还可以实现导出到 Excel，方便大家统计和整理，如图 2-8-20 所示。

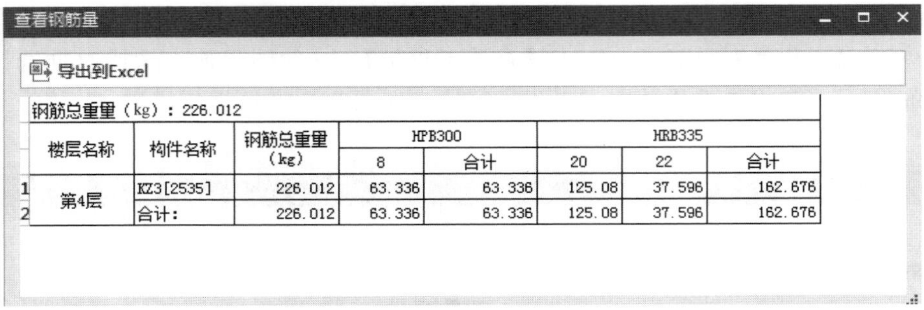

图 2-8-20 查看钢筋量

（2）编辑钢筋

汇总计算后，如需要在绘图区查看某个构件图元钢筋的详细计算内容，可以使用【编辑钢筋】功能。在菜单栏【工程量】页签下→点击"编辑钢筋"→在绘图区选择需要查看钢筋详细计算内容的图元→弹出"编辑钢筋"界面（如图 2-8-21 所示）。编辑钢筋可以看到当前构件的钢筋总量、钢筋的计算明细，钢筋计算明细包含钢筋的直径、级别、图号、图形、计算公式、公式描述、长度、根数、单重及总重等信息如图 2-8-21 所示。

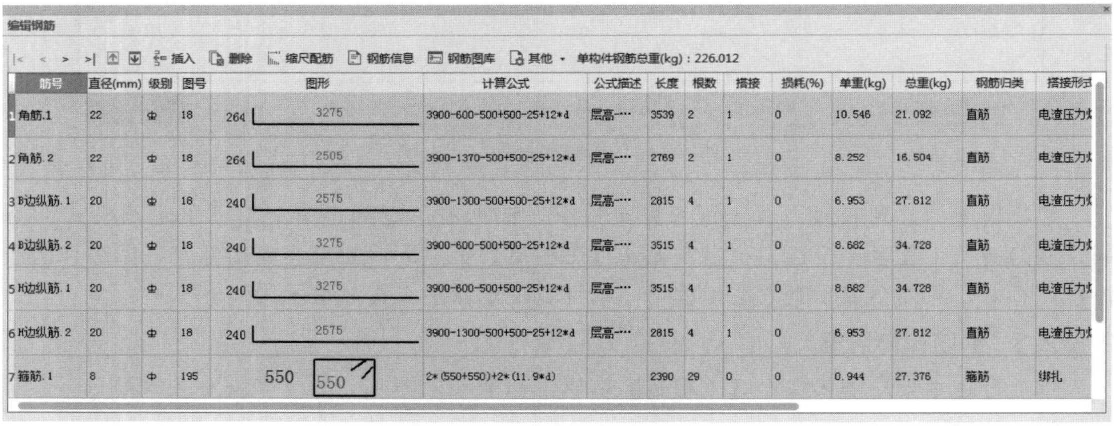

图 2-8-21 编辑钢筋

（3）钢筋三维

软件使用过程中，检查计算是否准确；对量过程中，查看计算结果；通过查看钢筋三维，辅助学习钢筋的算法，可以使用【钢筋三维】功能。在菜单栏【工程量】页签下→点击"钢筋三维"→绘图区域选择需要查看钢筋三维的构件图元，即可看到钢筋的三维显示效果（如图 2-8-22 所示）。同时配合绘图区右侧的动态观察等功能，全方位查看当前构件的三维显示效果。钢筋三维能够直观真实地反映当前所选择图元的内部钢筋骨架，清楚显示钢筋骨架中每根钢筋与"编辑钢筋"中每根钢筋的对应关系。

2.8.3 云指标

2.8.3.1 云指标简介

针对不同个人、企业而言，指标数据的需求各有不同。

（1）在设计阶段，建设方为了控制工程造价，会对设计院提出工程量指标最大值的要

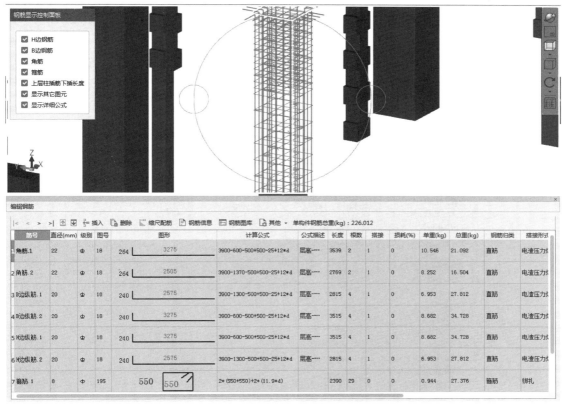

图 2-8-22　查看钢筋三维

钢筋显示控制面板

- ☑ H边钢筋
- ☑ B边钢筋
- ☑ 角筋
- ☑ 箍筋
- ☑ 上层柱插筋下插长度
- ☑ 显示其它图元
- ☑ 显示详细公式

编辑钢筋

单构件钢筋总重(kg) : 226.012

筋号	直径(mm)	级别	图号	图形	计算公式	公式描述	长度	根数	搭接	损耗(%)	单重(kg)	总重(kg)	钢筋归类	搭接形式
1 角筋.1	22	Φ	18	264 ⌐ 3275	3900-600+500+500-25+12*d	层高····	3539	2	1	0	10.546	21.092	直筋	电渣压力焊
2 角筋.2	22	Φ	18	264 ⌐ 2505	3900-1370-500+500-25+12*d	层高····	2769	2	1	0	8.252	16.504	直筋	电渣压力焊
3 B边纵筋.1	20	Φ	18	240 ⌐ 2575	3900-1300-500+500-25+12*d	层高····	2815	4	1	0	6.953	27.812	直筋	电渣压力焊
4 B边纵筋.2	20	Φ	18	240 ⌐ 3275	3900-600-500+500-25+12*d	层高····	3515	4	1	0	8.682	34.728	直筋	电渣压力焊
5 H边纵筋.1	20	Φ	18	240 ⌐ 3275	3900-600-500+500-25+12*d	层高····	3515	4	1	0	8.682	34.728	直筋	电渣压力焊
6 H边纵筋.2	20	Φ	18	240 ⌐ 2575	3900-1300-500+500-25+12*d	层高····	2815	4	1	0	6.953	27.812	直筋	电渣压力焊
7 箍筋.1	8	Φ	195	550 [550]	2*(550+550)+2*(11.9*d)		2390	29	1	0	0.944	27.376	箍筋	绑扎

求，即限额设计。设计人员要保证最终设计方案的工程量指标不能超过建设方的规定要求。

（2）施工方会积累自己所做工程的工程量指标和造价指标，以便在建设方招标图纸不细致的情况下，仍可以准确投标。

（3）咨询单位会积累所参与工程的工程量指标和造价指标，以便在项目设计阶段为建设方提供更好的服务，比如审核设计院图纸，帮助建设方找出最经济合理的设计方案等。

GTJ2018 中的【云指标】功能支持多维度的指标数据展示、支持多工程指标对比、设置预警值等功能（如图 2-8-23 所示）。方便用户在汇总计算完成后，查看和对比指标数据。

图 2-8-23　云指标功能入口

2.8.3.2　多维度云指标模板

工程量计算完成后，期望查看整个建设工程的钢筋、混凝土、模板、装修等指标数据，从而判断该工程的工程量计算结果是否合理。软件默认提供的指标数据统计表比较有限，为了更全面、便捷地核对工程的指标数据，软件会不断增加各种统计维度的指标表。同时，由于不同类型的工程，用户需要关注的数据维度不同，为了更方便查看指标数据，允许用户自由选择需要查看的指标模板。

在"云指标"窗体中，点击【选择云端模板】，在弹出的窗体中，选择要导入的模板，如选择"楼层级别直径指标表"，点击【确定并刷新数据】，如图 2-8-24 所示，则软件自动重新汇总当前新选择的模板的指标数据，在【云指标】页面增加新选择的指标模板。

图 2-8-24　云指标选择云端模板

2.8.3.3　工程量汇总规则

在查看指标数据时，不清楚软件按照什么规则进行的数据汇总，期望能知悉软件汇总规则，可以从【工程量汇总规则】表中查看数据的汇总归属设置情况，如图 2-8-25 所示。

2.8.3.4　指标数据对比

如期望与之前做过的相似工程、历史指标数据、个人经验数据进行指标对比，以便检查当前工程指标数据的合理性，可以使用指标数据对比功能。软件提供 3 种不同方式的指标数据对比的功能：自定义设置预警值、导入预警值指标模板、导入对比工程。

（1）自定义设置预警值

工程计算获得的指标数据是否合理，通常需要与工程的指标经验数据进行比对，软件提供了对比数据设置的接口，设置地上、地下不同部位、不同楼层、不同构件类型的工程指标数据后，软件自动比对当前工程指标数据是否超出了预警数据，超出预警值的数据，将会给

图 2-8-25　工程量汇总规则

出颜色标记，便于进一步跟进分析。如图 2-8-26 所示，软件支持"单工程指标预警"及
"多工程指标预警"，分别针对只有一个工程指标及同时存在多个工程指标对比情况下的指标
数据预警。

图 2-8-26　云指标设置预警值

（2）导入预警值指标模板

在查看工程的指标数据时，不能直观核对出指标数据是否合理，为了更快捷地核对指标
数据，需要导入指标数据进行对比，直接查看对比结果。在"设置预警值"窗体中，点击
【选择模板】，在弹出的窗体中，选择要对比的模板（如图 2-8-27 所示），设置模板中的指标

数据对比值后，可以看到当前工程指标对比结果。

图 2-8-27　云指标导入指标模板

（3）导入对比工程

在"云指标"弹出窗体中，点击【导入对比工程】，在弹出窗体中选择要对比的工程，在工程预览区可以查看当前选择工程的工程基本情况，确认选择工程无误后，点击【导入】即可。导入工程后，指标表中将计算出两个工程间的指标对比结果，如图 2-8-28 所示。

			广联达办公大厦-李海清			demo			
	指标项	单位	清单工程量	1m2单位建筑面积指标		清单工程量	1m2单位建筑面积指标	指标差值	指标偏差率
	总建筑面积（m2）：400					总建筑面积（m2）：635.04			
1									
2	挖土方	m3							
3	混凝土	m3	2354.301	5.886		217.395	0.342	5.544	94.19%
4	钢筋	kg	346313.018	865.783		14920.08	23.495	842.288	97.286%
5	模板	m2	12734.171	31.835		1065.24	1.677	30.158	94.732%
6	砌体	m3	604.943	1.512		-	-	-	-
7	防水	m2	1046.681	2.617		-	-	-	-
8	墙体保温	m2				-	-	-	-
9	外墙面抹灰	m2	1309.228	3.273		-	-	-	-
10	内墙面抹灰	m2	7799.329	19.498		-	-	-	-
11	踢脚面积	m2	286.265	0.716		-	-	-	-
12	楼地面	m2	3850.545	9.626		-	-	-	-
13	天棚抹灰	m2	3332.698	8.332		-	-	-	-
14	吊顶面积	m2	793.035	1.983		-	-	-	-
15	门	m2	212.33	0.531		-	-	-	-
16	窗	m2	985.712	2.464		-	-	-	-

图 2-8-28　云指标多工程指标对比

2.8.3.5　导出 Excel

软件提供的指标数据，在查看之后，需要导出到 Excel 表格中进行归档，可以使用【导出为 Excel】功能，软件提供的所有表格都支持导出到 Excel。在"云指标"窗体中，点击【导出为 Excel】，在弹出的窗体中勾选待导出的指标表，点击【确定】即可，如图 2-8-29 所示。

图 2-8-29　云指标导出 Excel

第 ③ 章

空心楼盖算量流程

本章介绍空心楼盖的算量流程图纸不匹配第二章图纸。

3.1 空心楼盖板

3.1.1 空心楼盖板及板筋图纸示例及说明

该空心楼盖板图纸示例及说明如下。

①密肋楼盖结构高度除特殊说明外均为 700mm（含现浇叠合层厚度 150mm）；②梁、板混凝土强度等级为 C35。本工程所用空心楼盖板剖面见图 3-1-1。

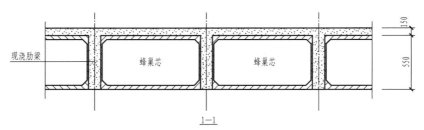

图 3-1-1　空心楼盖板剖面图

3.1.2 绘制空心楼盖板操作

绘制空心楼盖板操作流程如图 3-1-2 所示。

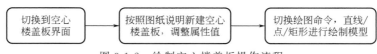

图 3-1-2　绘制空心楼盖板操作流程

第一步：新建空心楼盖板构件。根据图纸说明输入空心楼盖板的厚度、板顶现浇层厚度、混凝土强度等级（混凝土强度等级可统一在楼层设置中进行调整），如图 3-1-3 所示。

第二步：模型绘制。绘制空心楼盖板时，主要有以下几种操作思路，读者根据自己的建模习惯操作即可。

（1）没有电子图的情况下，绘制好柱、墙、梁图元，直接点击绘图命令下的点、直线、矩形等功能进行布置。

（2）有电子图纸的情况下，识别完柱、墙、梁图元，直接根据图中空心楼盖板位置进行点、直线、矩形等功能进行布置。

（3）绘图的功能位置如图 3-1-4 所示。

3.1.3　空心楼盖板模型显示

空心楼盖板三维模型如图 3-1-5 所示。

建模过程中需注意的是：

① 如果当前工程有多块不同板厚的板，则需要分开建构件；

②"板顶现浇层厚度"为私有属性，绘制好模型后可单独调整不同板块的属性值；

③ 当使用"点"功能布置时，需要确保墙、梁围成的区域是封闭的，方可进行点画；

④ 套做法说明：请根据当地清单要求，参照柱构件套做法的相关操作说明，完成空心楼盖板做法的套取。

	属性名称	属性值	附加
1	名称	KXB-1	
2	厚度(mm)	700	☐
3	类别	有梁板	☐
4	板顶现浇层厚...	150	☐
5	是否是楼板	是	☐
6	混凝土类型	(现浇混凝土碎石<20)	☐
7	混凝土强度等级	(C35)	☐
8	混凝土外加剂	(无)	☐
9	泵送类型	(混凝土泵)	
10	泵送高度(m)		
11	顶标高(m)	层顶标高	☐
12	备注		☐
13	⊞ 钢筋业务属性		
18	⊞ 土建业务属性		
27	⊞ 显示样式		

图 3-1-3　空心楼盖板属性列表界面

图 3-1-4　绘图功能位置

图 3-1-5　空心楼盖板三维模型

操作技巧

（1）若绘制过程中发现板的布置范围不封闭，可使用【检查未封闭区域】功能进行检查，在弹出的检查结果窗体中，选择未封闭的区域，点击自动延伸，即可闭合。如图 3-1-6 所示。

图 3-1-6 未封闭区域检查结果界面

（2）当工程中的空心楼盖板存在一块板有多个标高时，建构件时可选择标高多的进行绘制，绘制好模型后，再根据软件中的【查改标高】功能进行调改，如图 3-1-7 所示。

（3）绘制空心楼盖板模型时，可以根据图纸位置绘制一个大板块、然后根据【按梁分割板】功能将板分割为小块板、最后再修改不同板块信息即可，如图 3-1-7 所示。

图 3-1-7 二次编辑功能位置

（4）建构件时，可以将不同板厚的板颜色区分开，方便检查和修改。

3.2 空心楼盖板受力筋

3.2.1 空心楼盖板受力筋图纸示例及说明

现浇叠合层内配⚏8@150 的双层双向配筋，如图 3-2-1 所示。

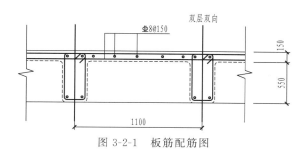

图 3-2-1　板筋配筋图

3.2.2　绘制空心楼盖板受力筋操作

绘制空心楼盖板受力筋的操作流程如图 3-2-2 所示。

图 3-2-2　绘制空心楼盖板受力筋操作流程

第一步：新建空心楼盖板受力筋构件。根据图纸要求建好板筋信息，分别调整板筋类别为"成孔芯模上面筋、成孔芯模上底筋、成孔芯模下底筋"，输入钢筋信息即可。板筋属性界面如图 3-2-3 所示。

第二步：图纸解析。根据图纸说明布置相应的板筋信息，该工程中说明密肋板现浇叠合层纵筋为"双层双向 $\Phi 8@150$：即叠合层内 X、Y 向，底筋、面筋均为直径为 8mm 间距 150 的三级钢筋"。

第三步：模型绘制。

（1）根据新建好的构件信息，用"布置受力筋"功能进行布置；

（2）选择具体的布置范围和布置方式，布置范围可选择"单板""多板""自定义""按板受力筋范围"，布置方式可选择"XY 方向""水平""垂直""两点""平行边"功能具体位置如图 3-2-4 所示。

（3）当选择范围为"单板或多板"，布置方式选择为"XY 方向"时，软件弹出"智能布置"功能，提供"双向布置"和"XY 向布置"；当成孔芯模上

图 3-2-3　板筋属性界面

部底筋、上部面筋、下部底筋对应的 X 向和 Y 向配筋一致时，可使用"双向布置"进行快速布置；当成孔芯模上部底筋、上部面筋、下部底筋对应的 X 向和 Y 向配筋不一致时，可使用"双向布置"进行快速布置板筋。

（4）布置好板筋后，需要校对板筋的准确性，可使用"查看布筋范围""查看布筋情况"两个功能检查，功能位置及实现如图 3-2-5 所示。

3.2.3　空心楼盖板受力筋模型显示

绘制完成后空心楼盖板受力筋模型如图 3-2-6 所示。

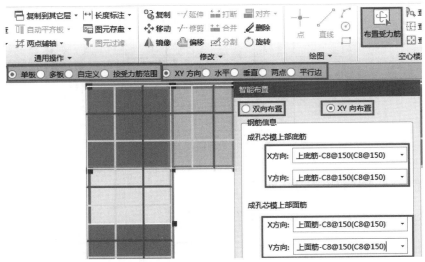

图 3-2-4　板筋布置方式功能位置

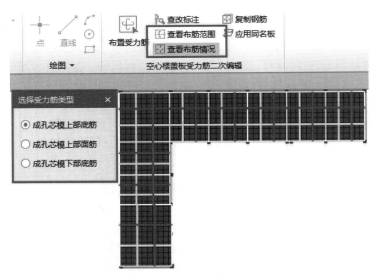

图 3-2-5　板筋布置范围功能位置

操作技巧

（1）为了方便布置，可将构件名称修改为"具体的类别＋钢筋信息"，方便审量、核量。

（2）当板块的钢筋信息一致，可先布置其中一块板，然后通过功能"应用同名称板"将钢筋信息应用到其他板块，不一致的单独做修改即可。

（3）当板块上的板筋信息较多时，可使用"单板""XY 向或多板""XY 向功能快速布置板筋"等功能，布置完成后再单独修改不同板块的钢筋信息。

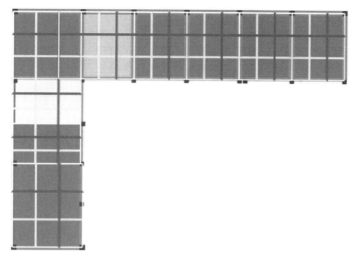

图 3-2-6　板筋模型显示

3.3　空心楼盖柱帽

3.3.1　空心楼盖柱帽图纸示例及说明

空心楼盖柱帽配筋表如图 3-3-1 所示，柱帽大样图如图 3-3-2 所示，柱帽剖面图如图 3-3-3 所示。

托板配筋表

| 编号 | 类型 | 托板长宽
$(B_{tx}) \times (B_{ty})$ (mm) | 托板高度 h
(mm) | 托板范围附加筋 | | x/mm | y/mm |
				A_{sx}	A_{sy}		
TB1	A	2400 × 2400	950	8Φ14@100	8Φ14@100	800	800
TB2	B	2400 × 2400	950	8Φ18@100	8Φ18@100	800	800
TB3	C	1200 × 2400	950	8Φ14@100	8Φ14@100	800	800
TB4	C	1200 × 2400	950	8Φ18@100	8Φ18@100	800	800

注：未注明托板定位对柱居中；钢筋通长时，板底钢筋在支座搭接，板顶钢筋在跨中搭接，通长钢筋遇洞口断开。

图 3-3-1　空心楼盖柱帽配筋表

3.3.2　绘制空心楼盖柱帽操作

绘制空心楼盖柱帽操作流程如图 3-3-4 所示。

第一步：图纸解析。根据空心楼盖柱表及大样图、剖面图分析当前工程空心楼盖柱帽的尺寸信息、钢筋信息。以 TB1 型空心楼盖柱帽为例。

TB1：截面尺寸 2400mm×2400mm；X/Y 向伸出长度为 800mm；X/Y 向，面筋 1、面筋 2 信息为 8 根直径 14mm 间距 100mm 的三级钢筋；柱帽底 X/Y 向纵筋为直径 10mm 间距 200mm 的三级钢筋；水平箍筋为直径 10mm 间距 150mm 的三级钢筋；柱帽凸出板底尺寸为 250mm。

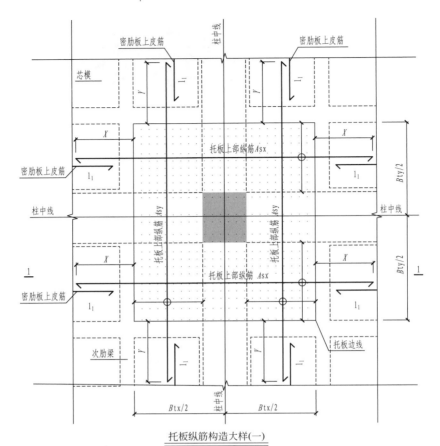

托板纵筋构造大样(一)

(托板类型：A型)

图 3-3-2　柱帽大样图

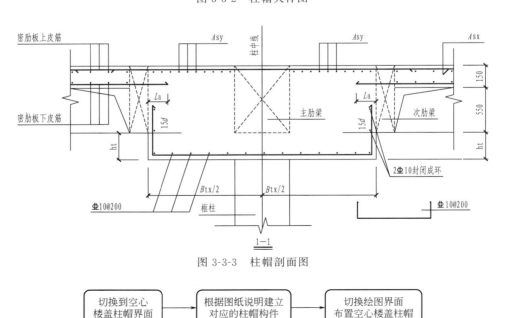

图 3-3-3　柱帽剖面图

切换到空心楼盖柱帽界面 → 根据图纸说明建立对应的柱帽构件 → 切换绘图界面布置空心楼盖柱帽

图 3-3-4　绘制空心楼盖柱帽操作流程

第二步：新建空心楼盖柱帽。新建构件名称为 TB1，柱帽钢筋信息及尺寸统一在柱帽类型参数图（如图 3-3-5 所示）中进行调整，顶标高按照默认值（空心楼盖板顶标高），如图 3-3-6 所示。

套做法说明：根据当地清单要求，参照柱构件套做法的相关操作说明，完成空心楼盖柱帽做法的套取。

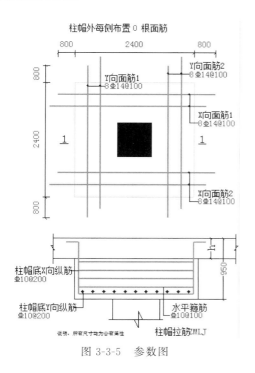

图 3-3-5　参数图

图 3-3-6　属性界面

第三步：模型绘制。

（1）根据图纸柱帽的实际位置用"点"或"智能布置柱"功能进行布置即可。

（2）属性"是否按板边进行切割"，选择"是"布置在板上后模型会根据板边进行切割；选择"否"布置在板上后模型大小不会发生变化，如图 3-3-7 所示。

图 3-3-7　空心楼盖柱帽按板边与不按板边切割显示

（3）建立好模型后，如果位置不对，可以通过"对齐"功能进行边对齐，点、对齐、智能布置功能，如图 3-3-8 所示。

3.3.3　空心楼盖柱帽模型显示

空心楼盖柱帽图元绘制完成后，平面模型如图 3-3-9 所示，三维模型如图 3-3-10 所示。

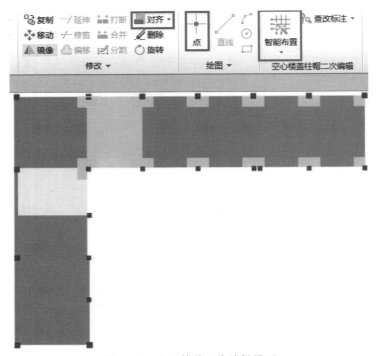

图 3-3-8　空心楼盖二次编辑界面

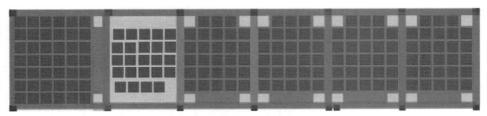

图 3-3-9　空心楼盖柱帽平面模型

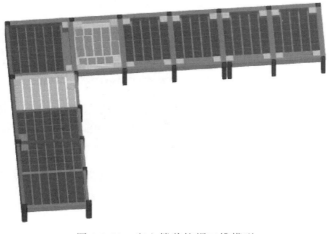

图 3-3-10　空心楼盖柱帽三维模型

3.4　主肋梁

3.4.1　主肋梁图纸示例及说明

　　主肋梁的截面尺寸信息及主肋梁上下部通长筋信息、箍筋信息、架立筋信息从集中标注中读取；主肋梁跨内局部宽度变截面，变截面尺寸从平面图中读取，如图 3-4-1 所示。配筋从大样图中读取，如图 3-4-2 所示。按照平面图位置进行主肋梁绘制。

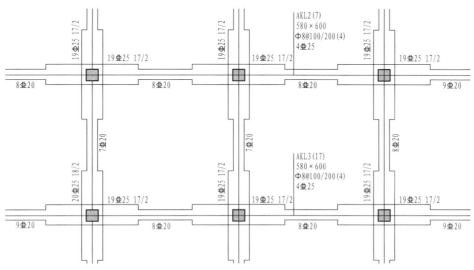

图 3-4-1　主肋梁平面图

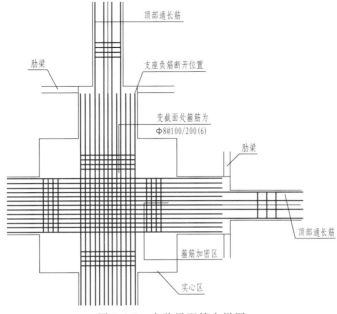

图 3-4-2　主肋梁配筋大样图

3.4.2 绘制主肋梁操作

绘制主肋梁操作流程如图 3-4-3 所示。

图 3-4-3 绘制主肋梁操作流程

第一步：在图纸管理界面→点击"添加图纸"，将主肋梁平面图添加到软件中。

第二步：导航树下"构件列表"→切换至空心楼盖模块下的"主肋梁"→〈新建〉，如图 3-4-4 所示。

第三步："属性列表"中根据主肋梁集中标注中的截面尺寸信息、上下部通长筋信息、箍筋信息、架立筋信息及标高信息，调整软件中默认的属性值（混凝土等级可统一在楼层设置中进行修改），如图 3-4-5 所示。

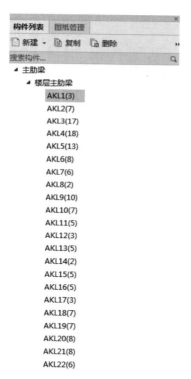

图 3-4-4 主肋梁构件列表

	属性名称	属性值	附加
1	名称	AKL1(3)	
2	结构类别	楼层主肋梁	☐
3	跨数量	3	☐
4	截面宽度(mm)	530	☐
5	截面高度(mm)	600	☐
6	轴线距梁左边…	(265)	☐
7	箍筋	Φ8@100/200(4)	☐
8	胶数	4	
9	上部通长筋	4Φ25	☐
10	下部通长筋		☐
11	侧面构造或受…		☐
12	拉筋		☐
13	定额类别	单梁	
14	材质	预拌混凝土	
15	混凝土类型	(预拌砼)	
16	混凝土强度等级	(C30)	☐
17	混凝土外加剂	(无)	
18	泵送类型	(混凝土泵)	
19	泵送高度(m)		
20	截面周长(m)	2.26	☐
21	截面面积(m²)	0.318	☐
22	顶标高(m)	层顶标高	☐
23	备注		☐
24	⊞ 钢筋业务属性		
34	⊞ 土建业务属性		
40	⊞ 显示样式		

图 3-4-5 主肋梁属性列表

第四步：属性调整完之后，根据平面图中主肋梁的形状，在工具栏中选用合适的绘制方式（如图 3-4-6 所示），绘制主肋梁图元。绘制主肋梁图元之前，识别或绘制好柱、墙图元。

第五步：主肋梁图元绘制完成后，识别梁支座。识别梁支座主要有以下几种操作思路，读者可根据图纸或自己的建模习惯进行操作。

① 点击【原位标注】，识别梁跨和支座，同时可在梁图元上进行原位标注信息的输入，也可在平法表格中输入对应跨的原位标注信息。

图 3-4-6　选择绘制方式

② 点击平法表格，识别梁跨和支座，同时在平法表格列表中输入对应跨的原位标注信息。

③ 点击【重提梁跨】，识别梁跨和支座，同时在平法表格列表中输入对应跨的原位标注信息。

绘制技巧

① 当软件自动识别的梁跨数量和图纸不符时，可使用"设置支座"（即添加支座）和"删除支座"调整梁跨的支座和数量。

② 若梁图元全部绘制完成之后，想要对所有梁图元批量识别支座，可使用【刷新支座尺寸】功能。

第六步：图纸中，当主肋梁跨内有局部变截面时，针对这种局部变截面的场景，使用【修改局部梁宽】功能进行截面的调改，如图 3-4-7 所示。

图 3-4-7　修改局部梁宽触发界面

触发功能后，会弹出"修改局部梁宽"的窗体（如图 3-4-8 所示），窗体中包含两部

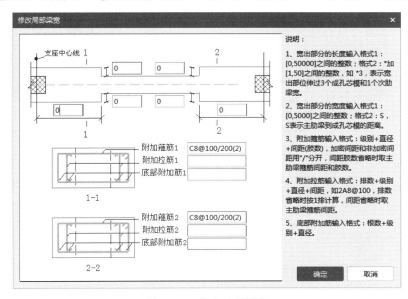

图 3-4-8　修改局部梁宽

分内容：截面尺寸和钢筋信息。其中，截面尺寸，可输入具体数值，也可输入和成孔芯模关联的参数，具体以图纸为准；钢筋信息根据图纸标注输入，具体输入格式参见提示说明。

修改局部梁宽是在梁有梁跨的基础上操作的，所以必须先对梁识别支座。

 绘制技巧

① 当工程中大部分主肋梁都有跨内局部变截面的情况，且变截面的尺寸及附加钢筋信息相同时，可使用【变截面刷】功能（图 3-4-9），将已设置了局部梁宽的梁跨变截面尺寸信息及附加钢筋信息应用到需要变截面的目标梁跨上。

② 当变截面尺寸和附加钢筋信息不完全相同时，可先使用【变截面刷】功能统一将信息复制过去，然后再使用【显示变截面信息】功能，进行局部的修改和调整，如图 3-4-10 所示。

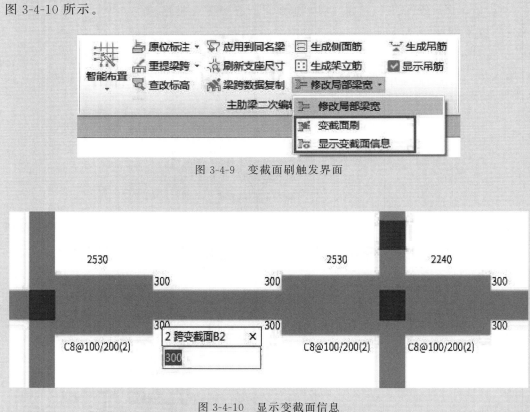

图 3-4-9 变截面刷触发界面

图 3-4-10 显示变截面信息

3.4.3 主肋梁模型显示

绘制完成后的主肋梁俯视模型如图 3-4-11 所示，三维立体模型如图 3-4-12 所示。

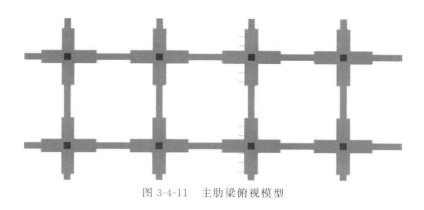

图 3-4-11 主肋梁俯视模型

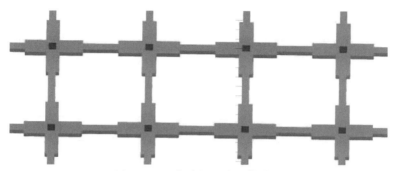

图 3-4-12 主肋梁三维立体模型

3.5 成孔芯模

3.5.1 成孔芯模图纸示例及说明

成孔芯模案例为蜂巢芯现浇密肋楼盖结构，其断面如图 3-5-1 所示，位置如图 3-5-2 所示。

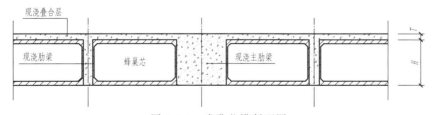

图 3-5-1 成孔芯模断面图

3.5.2 绘制成孔芯模操作

成孔芯模手工建模流程如图 3-5-3 所示，CAD 识别建模流程如图 3-5-4 所示。

（1）成孔芯模手工建模步骤

第一步：图纸解析。根据平面图可以测出，本案例成孔芯模有两种尺寸，分别为：

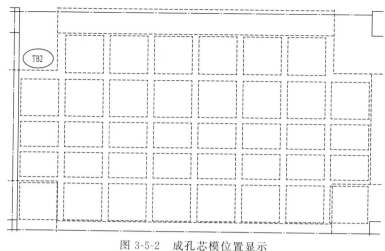

图 3-5-2　成孔芯模位置显示

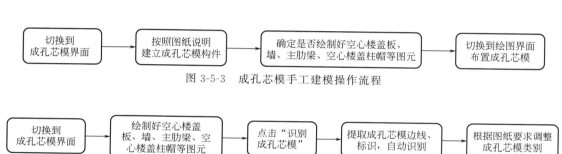

图 3-5-3　成孔芯模手工建模操作流程

图 3-5-4　成孔芯模 CAD 识别建模流程

$900mm×900mm、900mm×600mm$，芯模类别为 GBF 蜂巢芯，芯模类型为软件中的"成孔芯模-3"。

第二步：新建成孔芯模。切换至"成孔芯模"构件，新建成孔芯模，选择对应的参数图，修改成孔芯模长度、宽度、高度、边沿尺寸等信息，修改完成点击"确定"功能，如图 3-5-5 所示。选择成孔芯模参数化图形见图 3-5-6，修改参数见图 3-5-7，框中字体支持手动编辑。

第三步：模型绘制。切换到绘图界面用【点】或【矩形】功能绘制成孔芯模，绘图界面如图 3-5-8 所示。

（2）成孔芯模 CAD 识别步骤

第一步：识别成孔芯模。导航树下"构件类型"→"空心楼盖"→"成孔芯模"→点击【识别成孔芯模】，根据图纸的图层信息提取成孔芯模边线、标识、自动识别成孔芯模，如图 3-5-9 所示。

图 3-5-5　成孔芯模属性界面

第二步：模型补充、完善。未新建构件，识别的成孔芯模参数默认为"成孔芯模-1"，高度默认为 200mm；识别完成后根据业务要求手动修改参数图、类别等信息。

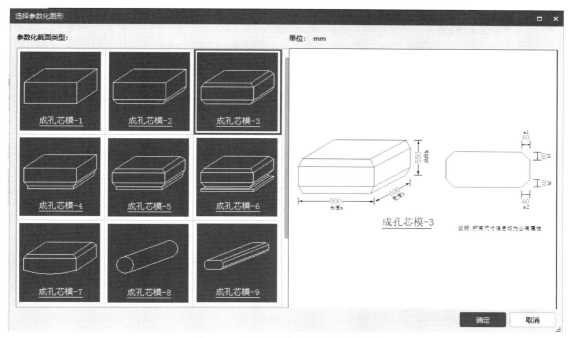

图 3-5-6　选择成孔芯模参数化图形

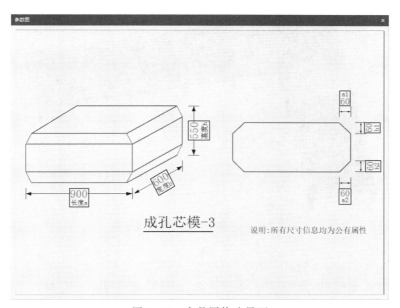

图 3-5-7　参数图修改界面

图 3-5-8　绘图界面

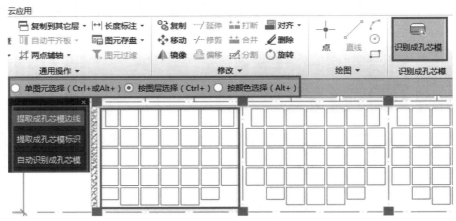

图 3-5-9　识别成孔芯模界面

套做法说明：根据当地清单要求，参照柱构件套做法的相关操作说明，完成成孔芯模做法的套取。

3.5.3　成孔芯模模型显示

成孔芯模三维模型如图 3-5-10 所示。

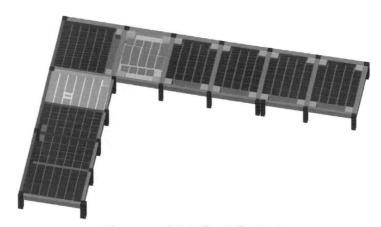

图 3-5-10　成孔芯模三维模型显示

注意事项

（1）成孔芯模属性中的"板顶现浇层厚度"，默认为灰显不允许输入数值，成孔芯模图元绘制到不同的板块会联动当前空心楼盖板的板顶现浇层厚度，建模体也会发生变化。

（2）成孔芯模属性中的"模板铺设方式"，当空心楼盖结构为膜壳结构时，模板的铺设方式可调整为"满铺"或"非满铺"，以满足实际业务需求。

（3）用【点】功能布置成孔芯模之前，需要确保已经绘制好空心楼盖板、主肋梁、空心楼盖柱帽、梁、墙等构件。

（4）用"矩形"功能布置前，需要确保成孔芯模的布置范围是由墙、梁围成的封闭区域。

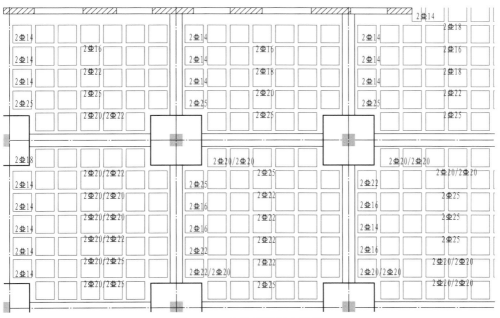

操作技巧

（1）布置成孔芯模时，若相同板块芯模位置及信息一致，可以布置其中一个板块、然后使用"应用到同尺寸板"功能快速应用到其他板块。

（2）当布置好成孔芯模后，墙、梁截面尺寸或位置变化导致成孔芯模与墙、梁重叠或位置信息不对时，可通过"修改距墙梁边的距离"功能调整成孔芯模的实际位置。

3.6　次肋梁及其钢筋布置

3.6.1　次肋梁

3.6.1.1　次肋梁图纸示例及说明

次肋梁结构设计说明如图 3-6-1 所示，平面布置图如图 3-6-2 所示。

1. 水平标注肋梁截面尺寸如未特殊标注为150×650/200×650mm，具体详定位图。
2. 肋梁箍筋均为Φ6@200(2)。
3. 肋梁相交处，水平标注肋梁底部纵筋在下排，遵循同上同下原则。
4. 肋梁上部架立钢筋均为2Φ10，与支座负筋搭接长度为150mm。

图 3-6-1　次肋梁结构设计说明

图 3-6-2　次肋梁平面布置图

次肋梁截面尺寸从平面布置图的设计说明中读取（次肋梁集中标注中不标注截面信息），同时说明信息中也会告知箍筋信息以及架立筋信息，其他配筋信息主要从平面图中读取（即原位标注）。

3.6.1.2 绘制次肋梁操作

绘制次肋梁图元操作流程如图 3-6-3 所示。

图 3-6-3　绘制次肋梁图元操作流程

第一步：图纸解析。根据次肋梁平面图中说明，本图纸中次肋梁有两种截面尺寸，分别是 150×650 和 200×650；箍筋信息均为 Φ6@200（2），架立筋信息为 2 Φ10。

第二步：新建次肋梁。切换至次肋梁界面根据图纸信息建立次肋梁构件，如图 3-6-4、图 3-6-5 所示。

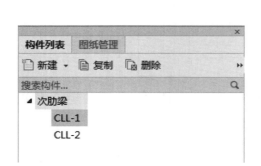

图 3-6-4　新建次肋梁界面

	属性名称	属性值	附加
1	名称	CLL-1	
2	跨数量		☐
3	截面宽度(mm)	200	☐
4	截面高度(mm)	700	☐
5	轴线距梁左边...	(100)	☐
6	箍筋	Φ6@200(2)	☐
7	肢数	2	
8	上部通长筋	(2Φ10)	☐
9	下部通长筋		☐
10	侧面构造或受...	G2Φ10	☐
11	拉筋	(Φ6)	☐
12	定额类别	连续梁	☐
13	材质	混凝土	☐
14	混凝土类型	(现浇混凝土碎石...	☐
15	混凝土强度等级	(C30)	☐
16	混凝土外加剂	(无)	☐
17	泵送类型	(混凝土泵)	
18	泵送高度(m)		
19	截面周长(m)	1.8	☐
20	截面面积(m²)	0.14	☐
21	顶标高(m)	空心楼盖板顶标高	☐
22	备注		☐
23	⊞ 钢筋业务属性		
33	⊞ 土建业务属性		
40	⊞ 显示样式		

图 3-6-5　属性列表窗体

第三步：模型绘制。切换到绘图界面选择合适的布置方式绘制次肋梁。在绘制图元过程中应注意以下两点：

① 绘制次肋梁之前，需要确保已绘制好空心楼盖板、成孔芯模、主肋梁、梁、墙等影响构件；

② 次肋梁不能和成孔芯模重叠布置。

绘制技巧

工程图纸中次肋梁是位于填充物与填充物之间的缝隙宽度，且量级一般较大，为了快速精确地布置次肋梁，可使用【生成次肋梁】和【布置次肋梁】两种方式（如图 3-6-6 所示）。

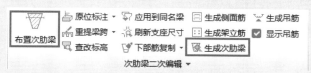

图 3-6-6　次肋梁二次编辑界面

① 生成次肋梁。点击【生成次肋梁】功能按钮，在弹出的"生成次肋梁"界面中（如图 3-6-7 所示）根据图纸信息选择已建好的次肋梁构件，然后选择生成方式，点击确定即可在芯模与芯模之间生成次肋梁（如图 3-6-8 所示）。

② 画线布置次肋梁。当工程图纸中成孔芯模之间同方向的间距不完全相同时，此时使用【布置次肋梁】功能。点击【布置次肋梁】按钮，弹出"画线布置次肋梁"的窗口，界面中提供两种方式："从两端向中间布置"（如图 3-6-9 所示），即在目标封闭区域内，依据绘制的直线根据肋号从两端向中间依次布置次肋梁；"从起点向终点布置"（如图 3-6-10 所示），即在目标封闭区域内，从绘制线的起点向终点根据肋号依次布置次肋梁。次肋梁名称选择已建好的次肋梁构件，然后在要绘制次肋梁的目标区域内画线生成次肋梁。

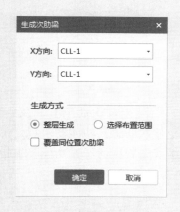

图 3-6-7　"生成次肋梁"窗口界面

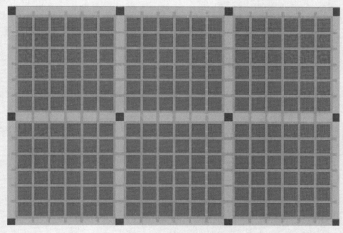

图 3-6-8　次肋梁平面模型

图 3-6-9　从两端向中间布置次肋梁界面　　图 3-6-10　从起点向终点布置次肋梁界面

③【生成次肋梁】和【画线布置次肋梁】功能，均要求成孔芯模在封闭区域内。【生成次肋梁】功能要求指定的次肋梁构件的宽度必须等于芯模之间的间距才可生成；【画线布置次肋梁】功能要求指定的次肋梁构件的宽度必须小于等于芯模之间的间距才可生成。

第四步：原位标注。对已绘制好的次肋梁，点击原位标注功能，对照图纸，输入次肋梁的原位标注信息，或者在平法表格中输入原位标注信息。

绘制技巧

① 次肋梁图元量级较大，为了快速输入原位标注信息，可使用软件提供的【快速布置下部筋】和【快速布置支座筋】功能（如图 3-6-11 所示）。

图 3-6-11　快速输入原位标注信息功能界面

点击【快速布置下部筋】或【快速布置支座筋】功能按钮，软件会将绘图界面上次肋梁的下部筋或支座筋输入框全部显示出来，然后根据图纸标注依次输入原位标注信息，如图 3-6-12 所示。

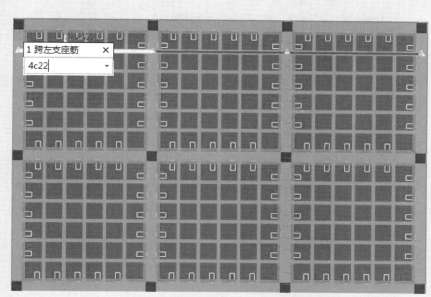

图 3-6-12　钢筋信息输入框显示效果

②　当工程中多数次肋梁的梁跨原位标注信息相同时，也可以使用【下部筋复制】和【支座筋框复制】功能（如图 3-6-13 所示），快速将已输入了原位标注信息的次肋梁梁跨复制到目标梁跨。

图 3-6-13　梁跨数据复制功能界面

第五步：其他的二次编辑。读者可根据项目需要使用次肋梁二次编辑的其他功能，将次肋梁信息进行完整录入。

3.6.1.3　模型显示

完成后的次肋梁平面模型如图 3-6-14 所示。

3.6.2　次肋梁下部筋

3.6.2.1　次肋梁下部筋图纸示例及说明

如图 3-6-15 所示，次肋梁下部筋以钢筋线的形式标注，并且钢筋信息注明了归属。

3.6.2.2　布置次肋梁下部筋操作

布置次肋梁下部筋操作流程如图 3-6-16 所示。

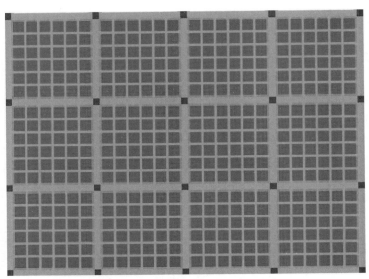

图 3-6-14　次肋梁平面模型显示

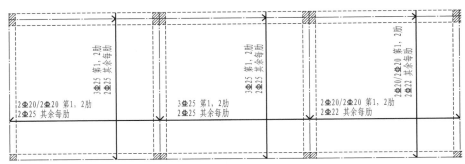

图 3-6-15　次肋梁下部筋布置

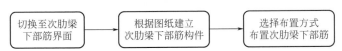

图 3-6-16　布置次肋梁下部筋操作流程

第一步：图纸解析。次肋梁下部筋，以图 3-6-15 中第一个封闭区域为例，第 1 肋和第 2 肋的钢筋信息均为 2Φ20，其余肋钢筋信息为 2Φ25。

第二步：建立构件。切换至次肋梁下部筋界面，新建次肋梁下部筋构件（如图 3-6-17 所示），在"属性列表"中根据图纸标注输入钢筋信息，见图 3-6-18，可输入"2-2Φ20/2Φ20，2Φ25"，并选择符合图纸的排列方式。

　绘制技巧

　　次肋梁下部筋，钢筋信息也支持输入不伸入支座的格式，如 2Φ20 (-1)；不同肋钢筋信息不同时，用逗号隔开。

图 3-6-17　新建次肋梁下部筋界面　　　　图 3-6-18　次肋梁属性列表窗体

第三步：模型绘制。点击【布置次肋梁下部筋】（图 3-6-19），根据图纸选择合适的布置范围和布置方式。软件提供了单板、多板两种布置范围及 XY 方向、水平、垂直、平行次肋梁四种方式选择。

绘制过程中应注意以下几点。

① 次肋梁下部筋布置时，"单板""多板"指的是一个封闭区域或多个封闭区域，而非严格意义上的板块。

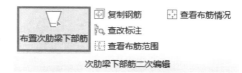

图 3-6-19　布置次肋梁下部筋按钮

② 次肋梁下部筋必须布置在封闭区域范围内，如果次肋梁所在区域不封闭，则布置不成功。

③ 当选择"平行次肋梁布置"时，需要先绘制好次肋梁。

④ 次肋梁下部筋不独立计算出量，软件会自动按照次肋梁下部筋的信息及布置范围，分配给相应的次肋梁，然后计算次肋梁，下部筋包含在次肋梁的钢筋量中。

绘制技巧

① 次肋梁下部筋布置好之后，如果需要校核次肋梁下部筋的准确性，可使用【查看布筋范围】【查看布筋情况】两个功能进行校验。

② 当多块区域内次肋梁的下部筋信息一致时，可先布置一个区域，然后通过【复制钢筋】功能，复制给其他区域的次肋梁。

3.6.2.3　模型显示

次肋梁下部筋绘制完成后，平面模型如图 3-6-20 所示。

3.6.3　次肋梁支座筋

3.6.3.1　次肋梁支座筋图纸示例及说明

如图 3-6-21 所示，次肋梁支座筋以钢筋线的形式标注，类似板负筋标注；钢筋信息标注了钢筋归属，同时也标注了支座筋伸入跨内的长度。设计说明：肋梁负筋长度详原位标注，尺寸均由梁、墙边起算。

3.6.3.2　布置次肋梁支座筋操作

布置次肋梁支座筋操作流程如图 3-6-22 所示。

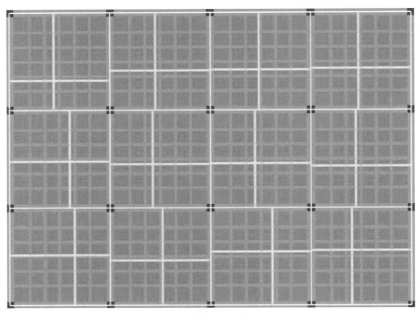

图 3-6-20　次肋梁下部筋平面模型

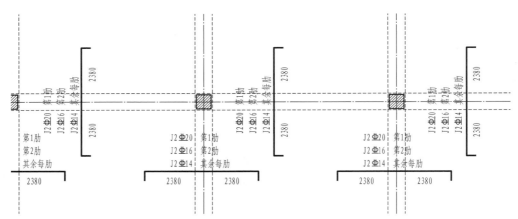

图 3-6-21　次肋梁支座筋布置图

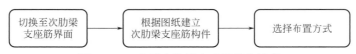

图 3-6-22　布置次肋梁支座筋操作流程

　　第一步：图纸解析。图纸中次肋梁支座不同钢筋信息不同，第 1 肋钢筋信息为 2 Φ 20，第 2 肋钢筋信息为 2 Φ 16，其余肋钢筋信息为 2 Φ 14，伸入左右跨内长度为 2380mm，且标注长度均从梁、墙边起算。

　　第二步：建立构件。切换至"次肋梁支座筋"界面，新建次肋梁支座筋构件（如图 3-6-23 所示），在"属性列表"中根据图纸标注输入钢筋信息（如图 3-6-24 所示），可输入"1-2 Φ 20，1-2 Φ 16，2 Φ 14"，输入左右标注尺寸，并选择符合图纸的排列方式。

图 3-6-23 新建次肋梁支座筋构件

图 3-6-24 属性列表

 绘制技巧

当次肋梁支座筋有多排时，用斜杠隔开，如 4 Φ 20 2/2，当不同肋之间钢筋信息不同时，用逗号隔开。

第三步：模型绘制。点击【布置次肋梁支座筋】，（如图 3-6-25 所示），根据图纸选择合适的布置方式进行布置。软件提供了按梁布置、按剪力墙布置、画线布置三种方式。其中，按梁布置的梁包含框架梁和主肋梁。

图 3-6-25 布置次肋梁支座筋界面

在绘制过程中应注意以下两点：

① 次肋梁支座筋布置时，必须要选择次肋梁确定钢筋方向。

② 次肋梁支座筋不独立计算出量，软件会自动按照次肋梁支座筋的信息及布置范围，分配给相应的次肋梁，然后计算次肋梁，支座筋包含在次肋梁的钢筋量中。

绘制技巧

① 次肋梁支座筋布置好之后，如果需要校核次肋梁支座筋的准确性，可使用【查看布筋范围】【查看布筋情况】两个功能进行校验。

② 当次肋梁支座筋左右标注信息不同时，但布置之后左右标注信息方向错误的，可使用【交换标注】功能进行标注尺寸的左右交换。

3.6.3.3 模型显示

次肋梁支座筋布置完成后，其平面模型如图 3-6-26 所示。

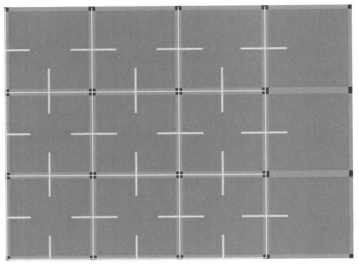

图 3-6-26　次肋梁支座筋平面模型显示

3.7　空挡

3.7.1　空挡图纸示例及说明

图纸中，空挡一般是在结构说明中的节点大样图中（如图 3-7-1、图 3-7-2 所示），不在平面图中体现。且大样图中只有空挡的配筋信息，无截面信息。

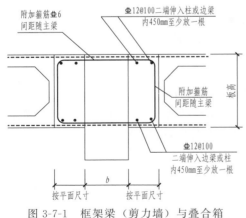

图 3-7-1　框架梁（剪力墙）与叠合箱
空挡处理大样图（一）

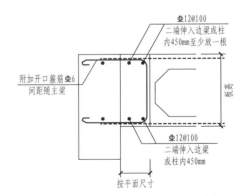

图 3-7-2　框架梁（剪力墙）与叠合箱
空挡处理大样图（二）

3.7.2　绘制空挡操作

绘制空挡图元操作流程如图 3-7-3 所示。

第一步：建立构件。切换至"空挡"界面，建立空挡构件（如图 3-7-4 所示），"属性列表"中输入图纸大样中的钢筋信息（如图 3-7-5 所示）。

图 3-7-3　绘制空挡图元操作流程

图 3-7-4　新建空挡构件

图 3-7-5　空挡属性列表

在输入钢筋信息过程中应注意：空挡属性列表中的横向钢筋类型，共 8 种，4 种中部，4 种边部，根据图纸实际情况选择即可；空挡属性列表中不定义空挡的宽度，软件计算时自动获取梁边或墙边距成孔芯模的实际距离。

第二步：模型绘制。空挡是线式构件，可使用【直线】功能绘制，也可使用【智能布置】功能，可按梁布置或按剪力墙快速布置，如图 3-7-6 所示。

绘制过程中应注意以下两点：

① 空挡必须绘制在空心楼盖板范围内的梁、主肋梁或剪力墙上，不能单独存在；

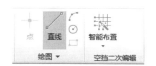

图 3-7-6　空挡构件绘制功能界面

② 空挡绘制之后，显示在梁或墙上，仅是一个示意，计算时会计算实际的宽度和长度。

3.7.3　空挡模型显示

空挡构件平面模型如图 3-7-7 所示。

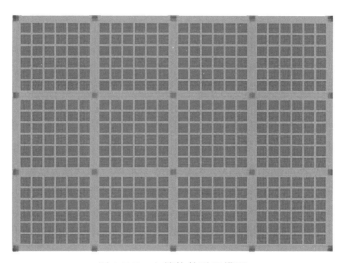

图 3-7-7　空挡构件平面模型

第④章

装配式工程算量流程

4.1 预制柱

4.1.1 预制柱图纸示例及说明

(1) 预制柱构件详图如图 4-1-1 所示，工程中所有预制柱钢筋定位以剖面图为准。

(2) 预制柱顶部钢筋伸出长度应满足设计要求，允许误差见"预制构件设计总说明"。

(3) 未注明的预制柱底标高为结构标高加 20mm。

(4) 预制柱混凝土强度等级见层高表，预制柱规格及数量见统计表。

4.1.2 绘制预制柱操作

预制柱建模操作流程如图 4-1-2 所示。

第一步：新建矩形预制柱，如图 4-1-3 所示。

第二步：如图 4-1-4 所示，设置预制柱属性，根据预制柱构件详图输入截面信息、坐浆高度、预制高度、纵筋信息、箍筋信息、预制钢筋数量等属性值。后浇高度自动计算后浇高度顶底高差－预制高度－坐浆高度。第 10～16 项为钢筋信息项，该部分钢筋输入与现浇柱一样，但主要为了计算后浇区箍筋（输入的纵筋不能计算预制钢筋）。

第 25～27 项为预制体积、重量等信息，预制部分体积，一般不需要填写，当需要依据构件深化图给定的构件体积结算时可填写，若填写上则软件可按属性计算预制构件体积；预制部分重量，一般不需要填写，当后续需要按重量查找预制构件时可填写，填写上对工程量没有任何影响；预制钢筋，根据预制钢筋明细表（如图 4-1-5 所示），在预制钢筋中输入预制钢筋工程量（如图 4-1-6 所示），填写后则报表可统计构件钢筋含量。

第三步：绘制预制柱三维模型有两种方法。①导入预制柱平面布置图，按照预制柱的位置点式布置；②按平面布置图，全部识别成现浇柱，识别后构件转化成预制柱。绘制完成后预制柱三维模型如图 4-1-7 所示。

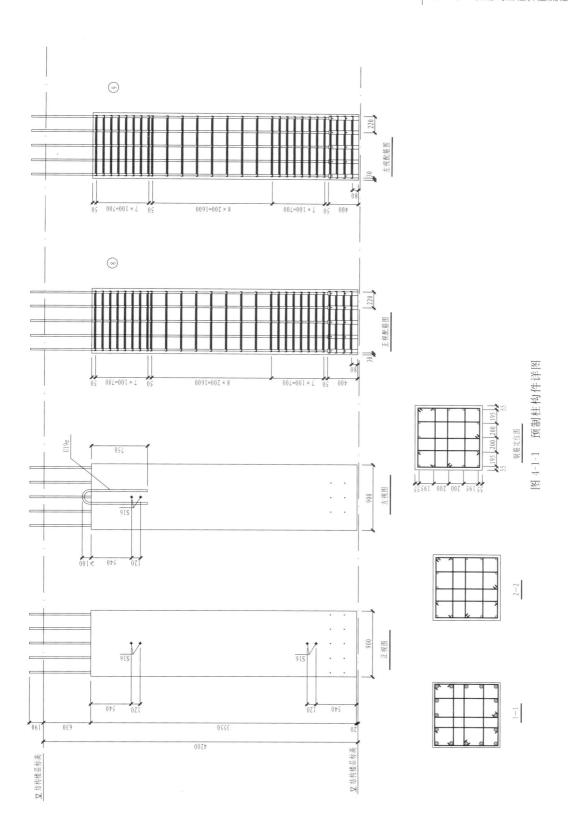

图 4-1-1　预制柱构件详图

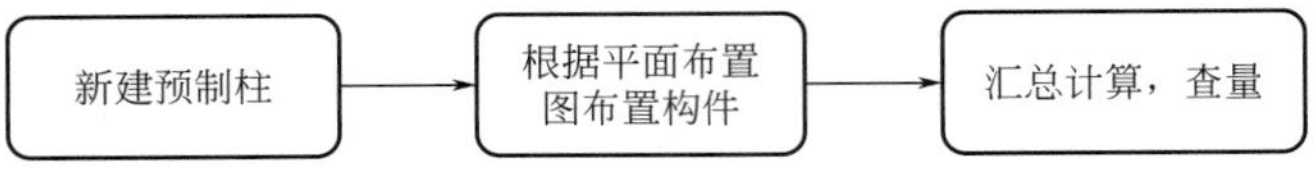

图 4-1-2 预制柱建模流程

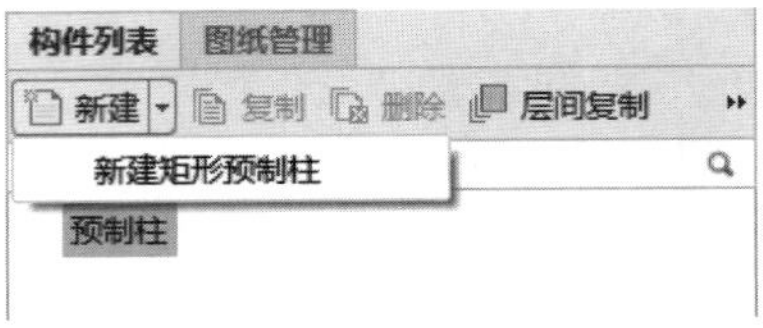

图 4-1-3 新建矩形预制柱

属性列表 图层管理

	属性名称	属性值	附加
1	名称	PCZ-1	
2	结构类别	框架柱	☐
3	定额类别	预制柱	☐
4	截面宽度(B边)(...	400	☐
5	截面高度(H边)(...	400	☐
6	坐浆高度(mm)	20	
7	预制高度(mm)	1000	
8	预制混凝土强...	(C15)	☐
9	后浇高度(mm)		
10	全部纵筋		☐
11	角筋	4⌀22	☐
12	B边一侧中部筋	3⌀20	☐
13	H边一侧中部筋	3⌀20	☐
14	箍筋	⌀10@100/200(4	☐
15	节点区箍筋		☐
16	箍筋肢数	4*4	
25	预制部分体积(...		
26	预制部分重量(t)		
27	预制钢筋		

图 4-1-4 预制柱属性列表

钢筋表

钢筋类型		钢筋编号	钢筋加工尺寸	钢筋数量	备注	构件重量
柱	纵筋	①	3970	20⌀25		
	箍筋	②	847 847	4⌀8		
	箍筋	③	847	4⌀8		
	箍筋	④	847 258	4⌀8		
	箍筋	⑤	823 823	24⌀8		
	箍筋	⑥	823	24⌀8		
	箍筋	⑦	823 233	24⌀8		

图 4-1-5 预制钢筋明细表

操作技巧

(1) 如果在属性中输入预制部分体积，则报表中会出预制部分体积（按属性）的量；

(2) 根据预制柱图纸的特点，选择绘制模型的方式，如果图纸中有现浇柱大样图，可以采用识别柱大样的方法新建柱构件，然后采用 CAD 识别的方式绘制柱，再将柱图元构件转换为预制柱。

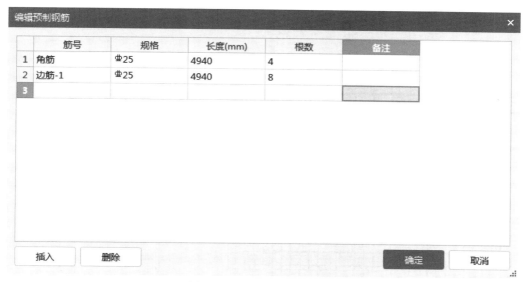

图 4-1-6　编辑预制钢筋功能

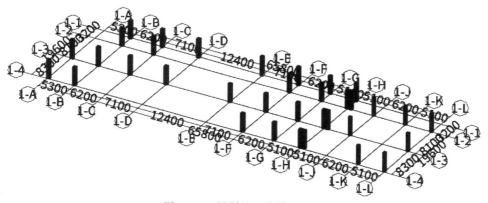

图 4-1-7　预制柱三维模型显示

4.2　预制墙

4.2.1　预制墙图纸示例及说明

布置预制墙构件，可参考预制内墙板构件详图（如图 4-2-1 所示）和预制外墙板构件详图（如图 4-2-2 所示）。

4.2.2　绘制预制墙构件操作

预制墙构件建模流程如图 4-2-3 所示。

第一步：新建预制墙，可通过〈新建矩形预制墙〉、〈新建参数化预制墙〉两种方式实现，功能界面如图 4-2-4 所示。

第二步：设置预制墙属性。

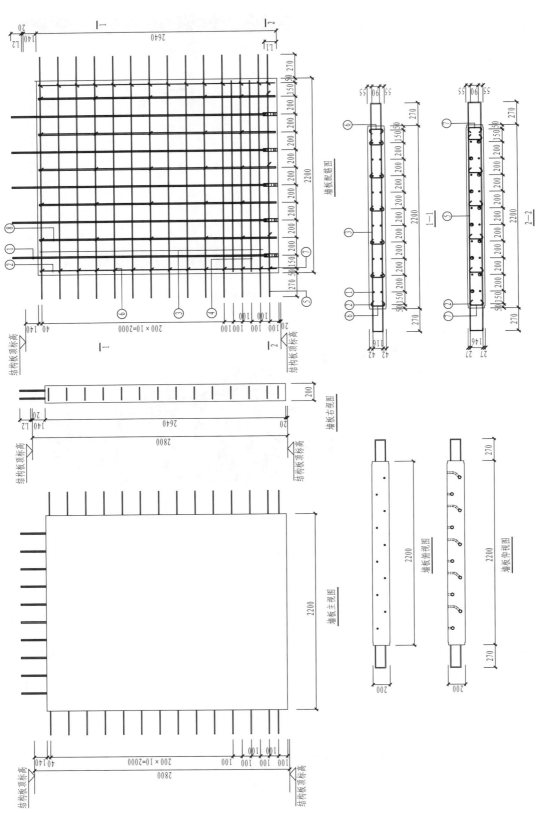

图 4-2-1 预制内墙板构件详图

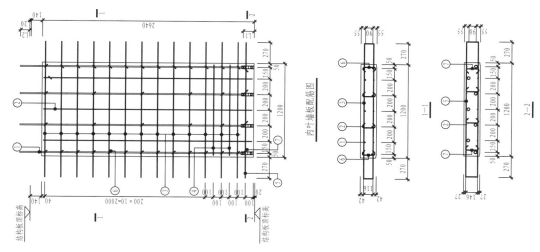

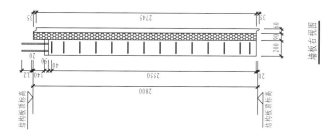

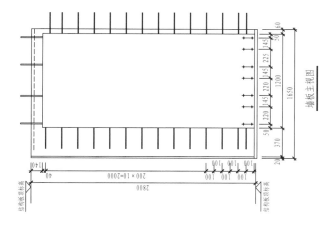

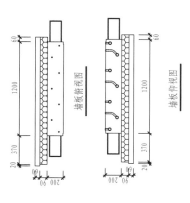

图 4-2-2 预制外墙板构件详图

图 4-2-3　预制墙建模流程

图 4-2-4　新建预制墙

	属性名称	属性值	附加
1	名称	YZQ-1	
2	类别	矩形墙	☐
3	厚度(mm)	200	
4	坐浆高度(mm)	20	
5	预制高度(mm)	1000	

图 4-2-5　预制墙属性列表（一）

（1）矩形预制墙

矩形预制墙属性值可在"属性列表"界面中进行修改，如图 4-2-5 所示。其中，坐浆高度、预制高度可根据构件详图输入。图 4-2-6 中，预制部分体积，一般不需要填写，当需要依据构件深化图给定的构件体积结算时可填写，若填写上则软件可按属性计算预制构件体积；预制部分重量，一般不需要填写，当后续需要按重量查找过滤预制构件时可填写，填写上对工程量没有任何影响；预制钢筋在编辑预制钢筋（如图 4-2-7 所示）中输入，图纸中会给出预制墙钢筋明细表（如图 4-2-8 所示），按照明细表中的钢筋信息在"编辑预制钢筋"窗体中输入即可。

8	预制部分体积(m³)		☐
9	预制部分重量(t)		☐
10	预制钢筋		

图 4-2-6　预制墙属性列表（二）

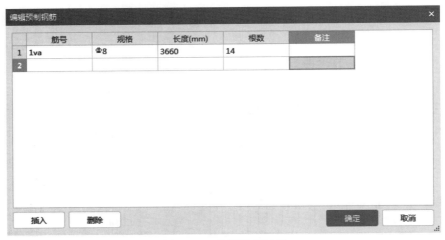

图 4-2-7　编辑预制钢筋

（2）参数化预制墙

点击【新建参数化预制墙】按钮→弹出"选择参数化图形"的窗体→选择参数化截面类型，每种类型都提供了几种可选形式，如图 4-2-9 所示。

每种预制墙都有默认的主视图、俯视图和左视图，可以根据图纸中预制墙的样式更改主视图、俯视图和左视图，图 4-2-10 所示为更改俯视图的界面，更改主视图和左视图同理。

墙板钢筋明细表					
名称	编号	规格	钢筋加工尺寸/mm	适用类型	备注
墙身竖向连接钢筋	①w	Φ14	2870-L1 168	顶层	L1、L2根据套筒参数定
	①	Φ14	2800+L2-L1	标准层	
墙身竖向非连接钢筋	②w	Φ6	2600	顶层	
	②	Φ6	2600	标准层	
墙身外伸水平钢筋	③	Φ8	270 1200 270 116 116	所有预制墙	焊接封闭箍
墙身不外伸水平钢筋	④	Φ8	1160 116 116	所有预制墙	焊接封闭箍
墙身套筒区水平钢筋	⑤	Φ8	270 1200 270 146 146	所有预制墙	焊接封闭箍
墙身拉筋	⑥	Φ6	30 142 30		
套筒区墙身拉筋	⑦	Φ6	30 166 30		

图 4-2-8　预制墙钢筋明细表

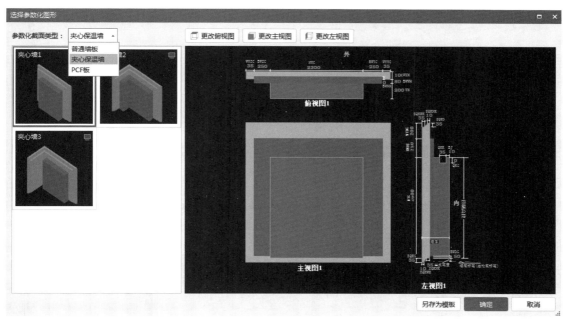

图 4-2-9　选择参数化图形

　　根据预制墙详图设置好参数后，如果期望重复使用设置好的预制墙参数，可点击【另存为模板】按钮（如图 4-2-11 所示），将设置好的参数另存为模板，再次新建参数化预制墙时可以使用该模板。设置好参数后，点击确定，预制墙截面形状设置完成。

　　第三步：绘制预制墙三维模型，矩形预制墙采用直线绘制的方式，参数化预制墙采用点式绘制的方式。

　　第四步：查看预制墙三维模型，如图 4-2-12 所示。

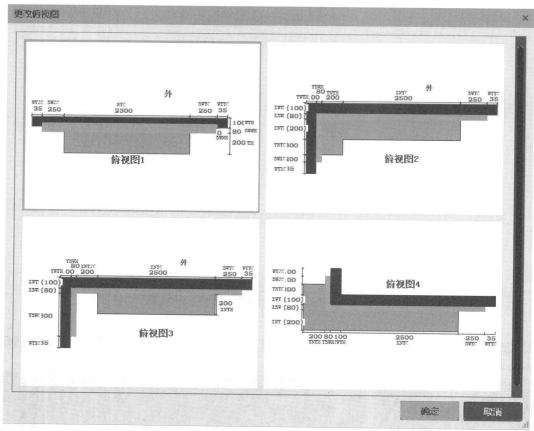

图 4-2-10　更改俯视图

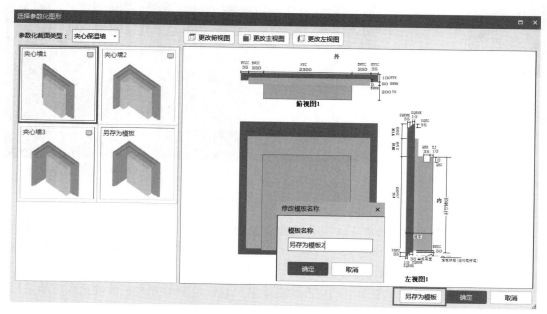

图 4-2-11　另存为模板功能

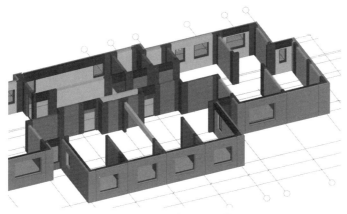

图 4-2-12　预制墙三维模型

操作技巧

（1）预制墙上可以布置门窗洞、装修图元。

（2）内叶板厚度为俯视投影最大的厚度，包含顶部叠合梁凸出墙面的宽度，如图 4-2-13 所示。

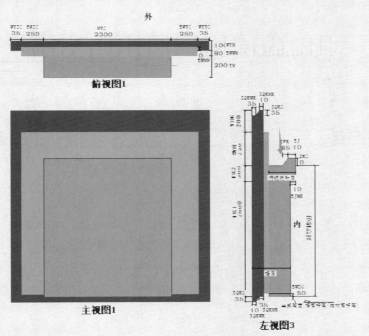

图 4-2-13　预制墙三视图

（3）预制墙的默认插入点可按键盘 F4 键切换。

（4）剪力墙可以转换为矩形预制墙。

4.3 预制梁

4.3.1 预制梁图纸示例及说明

（1）叠合梁预制部分混凝土强度等级同现浇梁，钢筋为 HRB400，钢筋保护层厚度同现浇梁。

（2）连接构造详见"预制构件设计总说明"中的"预制梁构件详图"如图 4-3-1 所示。

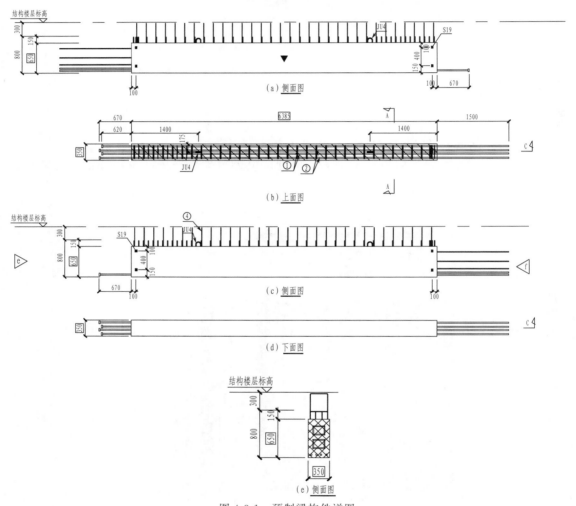

图 4-3-1　预制梁构件详图

4.3.2 绘制预制梁操作

预制梁建模流程如图 4-3-2 所示。

第一步：新建矩形预制梁，功能界面如图 4-3-3 所示。

第二步：设置预制梁属性，可在"属性列表"中修改属性值，如图 4-3-4 所示。

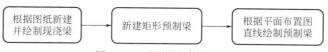

图 4-3-2　预制梁建模流程

属性列表		图层管理	
	属性名称	属性值	附加
1	名称	PCL-1	
2	结构类别	楼层框架梁	☐
3	截面宽度(mm)	400	☐
4	截面高度(mm)	500	☐
5	轴线距梁左边…	(200)	☐
6	预制混凝土强…	(C15)	☐
7	预制部分体积(…		☐
8	预制部分重量(t)		☐
9	预制钢筋		
10	底标高(m)	顶梁底标高	☐

构件列表　图纸管理

新建　复制　删除　层间复制　»

新建矩形预制梁

预制梁

图 4-3-3　新建矩形预制梁

图 4-3-4　预制梁属性列表

其中，预制部分体积，一般不需要填写，当需要依据构件深化图给定的构件体积结算时可填写，若填写上则软件可按属性计算预制构件体积；预制部分重量，一般不需要填写，当后续需要按重量查找预制构件时可填写，填写上对工程量没有任何影响；预制钢筋若需要统计预制构件里的钢筋信息，则按照深化图纸钢筋明细表录入，若填写则报表可统计构件钢筋含量。

第三步：绘制三维模型。绘制方式采用直线绘制，根据预制梁平面布置图绘制模型，如图 4-3-5 所示。

图 4-3-5　预制梁三维模型

操作技巧

下部钢筋连通，中间无预制混凝土的单根预制梁，如图 4-3-6 所示，建议用户分成两根预制梁单独绘制。

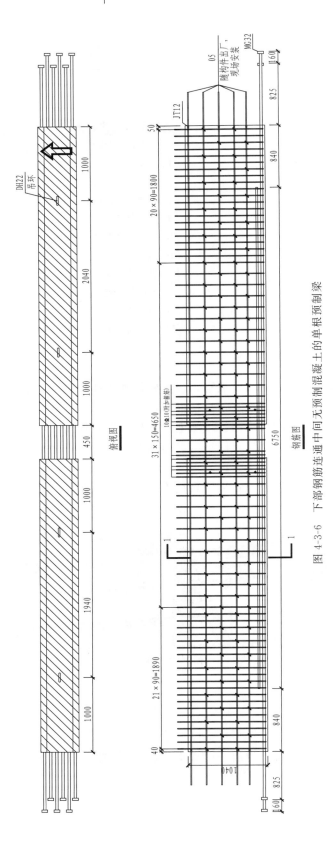

图 4-3-6　下部钢筋连通中间无预制混凝土的单根预制梁

4.4　叠合板及其钢筋

4.4.1　叠合板及其钢筋图纸示例及说明

叠合板构件详图如图 4-4-1 所示，叠合板构件信息如下：

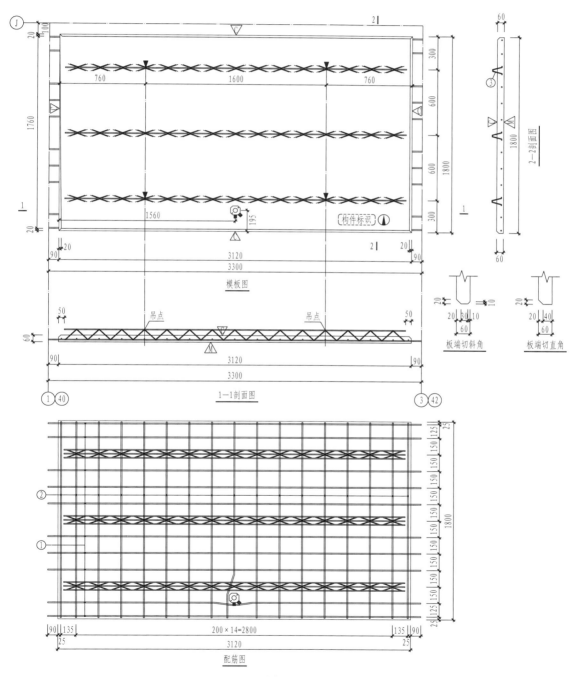

图 4-4-1

叠合板底板参数表

叠合板编号	选用构件编号	混凝土标号	预制底板长度/mm	预制底板宽度/mm	混凝土体积/m³	底板重量/t
DHB1/DHB1R	DBD-67-3318-4	C30	3120	1800	0.337	0.84

叠合板底板钢筋表

叠合板钢筋编号	规格	数量	尺寸		
①	Φ8	10	3300		
②	Φ8	17	1780		
③	Φ90	3	3020		
④	Φ8	8	280		

叠合板底板预埋件表

预埋件代号	名称	图例	规格	数量	备注
DL	地漏	◎ ◉	DN50	0	避让100，预埋地漏
XH	线盒	⊡	86线盒	1	预埋线盒
WLG	排水立管	◎	DN100	0	预留孔洞150
PSG1	坐便排水管	⊕	DN100	0	避让150，预埋套管
PSG2	手盆排水管	⊗	DN50	0	预留孔洞100

注：接线盒预埋线管方向见构件图。

图 4-4-1　叠合板构件详图

（1）叠合板混凝土强度等级为 C30，保护层厚度为 15mm；

（2）叠合板底板厚度为 60mm，叠合层厚度为 70mm；

（3）叠合板板端侧下部未特殊注明的切直角；

（4）建模过程中应执行构件安装相关规定。

4.4.2　绘制叠合板构件操作

叠合板构件建模流程如图 4-4-2 所示。

图 4-4-2　叠合板建模流程

第一步：新建叠合板（整厚），功能界面如图 4-4-3 所示。根据叠合板构件详图中的信息设置叠合板（整厚）属性，"属性列表"界面如图 4-4-4 所示。

	属性名称	属性值	附加
1	名称	DHB-1	☐
2	厚度(mm)	(120)	☐
3	类别	平板	☐
4	是否是楼板	是	☐
5	材质	现浇混凝土	☐
6	混凝土类型	(普通混凝土)	☐
7	混凝土强度等级	(C15)	☐
8	顶标高(m)	层顶标高	☐

图 4-4-3　新建叠合板（整厚）　　　　图 4-4-4　叠合板（整厚）属性列表

第二步：根据叠合板平面布置图，绘制叠合板（整厚），绘制方式同现浇板。

第三步：新建叠合板（预制底板），方法同新建叠合板（整厚）。新建构件的属性值可在属性列表中进行修改，如图 4-4-5 所示。

（1）俯视图

方方正正的预制底板用【长度】、【宽度】定义；异形的预制底板，用【俯视图自定义】，如：带缺口的预制板形状可以使用【俯视图自定义】功能提取CAD 图。

（2）边沿构造

可以设定常见样式，可以选择预制底板某边进行设置，修改边沿构造，如图 4-4-6 所示。

（3）底标高

预制板底板默认与叠合板整厚底平齐。

第四步：根据叠合板平面布置图，绘制预制底板，可使用点式绘制。

	属性名称	属性值	附加
1	名称	YZB-1	
2	厚度(mm)	60	☐
3	俯视图	自定义	
4	长度(mm)	3600	☐
5	宽度(mm)	2000	☐
6	边沿构造	矩形	
7	预制部分体积(		☐
8	预制部分重量(t)		☐
9	预制钢筋		
10	预制混凝土强	(C15)	☐
11	底标高(m)	顶板底标高	☐

图 4-4-5　叠合板（预制底板）属性列表

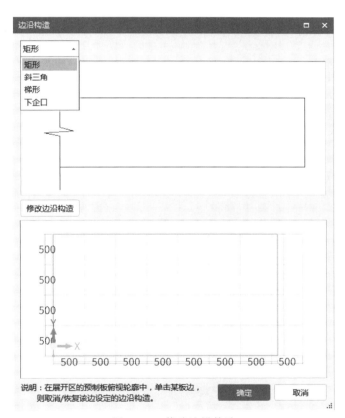

图 4-4-6　修改边沿构造

第五步：根据板钢筋布置图绘制板面筋。叠合板受力筋、叠合板跨板受力筋、叠合板负筋的定义与布置方式与板受力筋、跨板受力筋和板负筋一致。装配式工程中一层的面筋均可用【板受力筋】、【板负筋】布置，不用来回切换，【板受力筋】、【板负筋】可构件转化为【叠合板受力筋】、【叠合板负筋】。

第六步：查看叠合板面筋模型如图 4-4-7 所示，叠合板三维模型如图 4-4-8 所示。

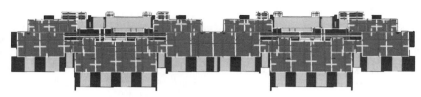

图 4-4-7　叠合板面筋模型

图 4-4-8　叠合板三维模型

操作技巧

（1）叠合板（整厚）与现浇板可以进行构件转换。

（2）叠合板受力筋和叠合板负筋与板受力筋和板负筋可以相互进行构件转换，但是叠合板受力筋不能转换为板受力筋。

（3）绘制"板洞"会将整厚叠合板和预制底板叠合板都扣穿。

参考文献

［1］ 中华人民共和国住房和城乡建设部.GB 50854—2013 房屋建筑与装饰工程工程量计算规范.北京：中国计划出版社，2013.

［2］ 中华人民共和国住房和城乡建设部.16G101-1 混凝土结构施工图平面整体表示方法制图规则和构造详图（现浇混凝土框架、剪力墙、梁、板）.北京：中国计划出版社，2016.

［3］ 中华人民共和国住房和城乡建设部.16G101-2 混凝土结构施工图平面整体表示方法制图规则和构造详图（现浇混凝土板式楼梯）.北京：中国计划出版社，2016.

［4］ 中华人民共和国住房和城乡建设部.16G101-3 混凝土结构施工图平面整体表示方法制图规则和构造详图（独立基础、条形基础、筏形基础、桩基础）.北京：中国计划出版社，2016.